态度

吴军 著

中信出版集团·北京

图书在版编目（CIP）数据

态度 / 吴军著 . -- 北京：中信出版社，2018.11（2025.1重印）
ISBN 978-7-5086-9474-0

I. ①态… II. ①吴… III. ①人生哲学－青年读物
IV. ① B821-49

中国版本图书馆 CIP 数据核字（2018）第 209167 号

态 度

著　　者：吴 军
出版发行：中信出版集团股份有限公司
　　　　　（北京市朝阳区东三环北路 27 号嘉铭中心　邮编　100020）
承　印　者：北京通州皇家印刷厂

开　本：880mm×1230mm　1/32　　印　张：9.5　　字　数：200千字
版　次：2018 年 11 月第 1 版　　印　次：2025 年 1 月第 41 次印刷
书　号：ISBN 978–7–5086–9474–0
定　价：59.00 元

版权所有·侵权必究
如有印刷、装订问题，本公司负责调换。
服务热线：400–600–8099
投稿邮箱：author@citicpub.com

目　录

序　言
态度决定命运 VII

第一章 / 人生哲学

第 1 封信
乐观的人生态度比什么都重要 003

第 2 封信
幸福的来源 009

第 3 封信
如何拥有抵制诱惑的定力 015

第 4 封信
成功是成功之母 021

第 5 封信
最好是更好的敌人 027

第 6 封信
好习惯成就一生 033

态度

第二章 / 洞察世界

第 7 封信
决策时格局要大 045

第 8 封信
做事时境界要高 053

第 9 封信
生活是具体的 061

第 10 封信
教育改变命运 069

第 11 封信
好运气背后是三倍的努力 079

第 12 封信
更重要的是做个好人 087

目 录

第三章 / 对待金钱

第 13 封信
面对贫穷，你可以选择沉沦或奋起 095

第 14 封信
承认自己"贫穷"，才能真正"富有" 103

第 15 封信
不乱花钱，也不乱省钱 109

第 16 封信
运用财富时要从大处着眼 111

第 17 封信
懂得钱的用途，还要有赚钱的本领 117

第 18 封信
第一次投资的建议 123

第 19 封信
一生永远不要碰的三条红线 129

第 20 封信
我的金钱观 137

态度

第四章 / 人际关系

第 21 封信
论友情：交友时不要怕吃小亏 147

第 22 封信
论爱情：合适的人会让你看到和得到全世界 155

第 23 封信
团结大多数人 163

第 24 封信
远离势利小人 169

第 25 封信
达到沟通目的才算有效沟通 175

第 26 封信
如何体面地拒绝别人 181

目 录

第五章 / 有效学习

第 27 封信
上帝喜欢笨人 191

第 28 封信
证伪比证实更重要 197

第 29 封信
做理性的怀疑者 207

第 30 封信
为什么要读非小说类名著 217

第 31 封信
为什么要学好数学 223

第 32 封信
我们在大学学什么 229

第 33 封信
如何选择学校和专业 237

第 34 封信
写科技论文的技巧 243

态度

第六章 / 做人做事

第 35 封信
做事前不要过分算概率 253

第 36 封信
专业和业余的区别 257

第 37 封信
永远寻找更好的方法 265

第 38 封信
服从是学会领导的第一步 271

第 39 封信
捡最重要的事先做 277

第 40 封信
主动心态能提升全局观和协作力 283

序 言
态度决定命运

父母和子女之间的交流不仅是必要的，而且是必需的，它是人类进步的根本。

人类的进步，从一万年前开始陡然加速。一个重要的原因是文字的出现使得知识和经验可以更快、更准确地传递。特别是父母将自己的学识和生活经验传递给后代，这让几乎每一代人都可以轻松地超越上一代人，文明从此开始。因此，从人类文明和进步的角度看，上一代人和下一代人之间的信息传递和沟通是必需的，否则我们就和用生命试错的其他物种没有太大区别。

在人类出现之前，地球上的其他物种前后两代之间只能通过基因传承信息。一只被蝮蛇咬死的老鼠的基因就中断了，而具有躲避蝮蛇基因的老鼠则将这种信息传递下去。这种不断试错，以生命为代价的信息获取方式的效率实在太低。事实上，7000万年前，人类和老鼠拥有共同的祖先。在接下来的6500万年里，人类

态度

这种哺乳动物在自然界的优势并不是很明显，直到500万年前（那时人类和黑猩猩走上了不同的进化道路），在人的身上叉头框P2（Fox P2）基因发生了明显变化，这让人类拥有了语言能力。后来，现代智人的这一支在语言能力方面进化得特别快。从此，人类经验和知识的传承可以通过语言快速完成。今天的人，不需要被蝮蛇咬，就知道远离这种有斑纹的褐色爬行动物，甚至会远离它们出没的水边草丛。因此，如果我们不能从前辈那里学习有益的经验，而是凡事都靠自己试错、摸索，那么我们的进步无疑会比同龄人慢。

出于最有效地学习和成长的目的，年轻人有必要从上一代人那里接受经验，汲取养分。然而，代沟是永远存在的，不仅今天如此，其实在过去也有代沟，将来还会有，糟糕的沟通（比如不恰当的管束）只能适得其反。因此，如何和子女进行有益且有效的交流是一个大问题。在年轻时，阅读古今中外一些智者（包括曾国藩、傅雷、J.P.摩根、苏霍姆林斯基等）的家书，让我获益匪浅。当时，虽然我略有逆反情绪，但我比较平静地接受了这些智者在家书中讲述的道理以及讲述方式。因此，在我的孩子长大特别是离开家之后，我也开始采用类似书信的电子邮件这种相对传统的方式和她们沟通，将我对很多事情的经验、看法和建议告诉她们。我发现在孩子进入青春期后，这种方式常常比面对面交流更有效，因为这避免了因不同意见而产生的争执。另外，由于写邮件时容易做到心平气和，写出的文字是经过深思熟虑的，因此她们更容易接受我所写的建议，而不是我说的。久而久之，这些内容就构成了一本书信集。

我平时和女儿们交流的内容大致有两类。一类是她们在日常学习和生活中遇到的具体问题，她们希望得到一些建议，比如第一次工作时应该注意的事项；另一类是我觉得她们最终会面对的一些问题，我应该在合适的时间和她们谈一谈。我给孩子的建议，一小部分源于我的生活经历和经验，大部分则是转述其他人，特别是我心目中的那些智者的观点。后来，我在"得到"写《硅谷来信》这个专栏时，发现上述问题之中有一些具有普遍性，不少年轻人和家长在给我留言时谈到这些问题。虽然对于这些问题的建议因人而异，但是多少有些共性。因此在《硅谷来信》中，我给年轻人的建议有一些源于我给孩子的建议，读者朋友对这些建议都给予了很高的评价。后来我细想，这其实并不奇怪。大部分家庭，很多年轻人遇到的问题，我也遇到了。十二三岁到二十来岁的年轻人身上的优点和缺点，我的孩子也有。因此，在罗辑思维范新、白丽丽两位老师，以及首席执行官脱不花女士的建议下，我从给女儿的书信中挑选出对家长、中学生、大学生来说具有普遍意义的话题，整理成《态度》一书。希望能够起到抛砖引玉的

态度

作用，让关心子女教育的家长和中学生、大学生一同分享成功经验。

在和子女沟通时，我有四个心得想和大家分享。

第一，明确子女不是家长的私有财物，而是上天给父母带来的最好的礼物，他们具有独立的人格，需要尊重。有了这个前提，就能够平等地进行沟通。坦率地说，我对中国文化中一些强调长辈为大的思想持否定看法。这种倚老卖老的态度，是两代人不能进行有效沟通的主要原因。

我一直很欣赏毛泽东主席以及美国国父富兰克林和杰斐逊对待年轻人的态度。毛泽东主席在61年前对年轻人说过这样的话，"世界是你们的，也是我们的，但是归根结底是你们的。你们青年人朝气蓬勃，正在兴旺时期，好像早晨八九点钟的太阳。希望寄托在你们身上"[1]。类似地，富兰克林和杰斐逊则一直强调要相信年轻人，相信未来。虽然他们来自不同的国度，生活在不同的时代，但是这方面的智慧是一致的。

明确了孩子是未来的社会栋梁、精英和领导者，而不是当下的领导者，我们就不会用老人的观点禁锢年轻人的思想，而是给他们提供参考意见，引导他们独立思考。最糟糕的教育莫过于用

---

[1] 资料来源：人民网 http://cpc.people.com.cn/GB/64162/64165/72301/72320/5047765.html。

序　言
态度决定命运

上一代人落伍的想法教育这一代人，让他们去领导下一代。

第二，虽然子女和自己在基因上有传承关系，但是不要将自己这辈子没有实现的愿望转嫁给子女，特别是要求他们做到自己做不到的事情。在子女面前，榜样的力量远远大于说教。自己以什么态度对待事物，对待他人，子女就会不知不觉地学习。很多人希望子女成龙成凤，其实，家长应该不断精进，以此影响孩子。如果父母一味要求孩子，自己的做法却相反，结果可想而知。事实上，每个熊孩子背后都有一对缺乏教养的父母，因为他们的言行"培养"了熊孩子。我非常赞同撒切尔夫人的一段话：

> 注意你的想法，因为它能决定你的言辞和行动。
> 注意你的言辞和行动，因为它能主导你的行为。
> 注意你的行为，因为它能变成你的习惯。
> 注意你的习惯，因为它能塑造你的性格。
> 注意你的性格，因为它能决定你的命运。

在撒切尔夫人这段话之前，我想再加上一句，"注意你的态度，因为它能影响你的想法"，这也是本书起名为《态度》的原因。从某种角度讲，孩子的命运在父母向孩子发脾气，并且传递给他们坏习惯时，就已经决定了。

态度

第三，同一件事，对不同人来说，给予的建议常常是因人而异的，因此没有绝对好和不好的建议，只有适合和不适合的。孔子的弟子子路性情急躁，办事不周全，而冉有性格谦逊，但办事却犹豫不决。因此，当他们问孔子有一件好事是否该做时，孔子给了他们截然不同的回答。对于子路，孔子让他先听听父兄们的意见。对于冉有，孔子让他马上行动。我的两个女儿生活的年代和环境略有差别，这导致她们在性格、生活态度和做事方法上存在差异。因此，对于同一个问题，我给她们的建议有时会截然相反。相信每一位读者也会根据自己的特殊情况，对我在书中的建议和观点进行适合自己的选取与筛选。

第四，沟通需要是双向的，很多时候，倾听孩子的想法比发表意见更重要。在一些问题上，孩子的想法不仅很合理，而且能够给长辈带来很多启发。我在和孩子们沟通的过程中，也在更新自己的知识和想法。

本书采用书信体的形式，大部分内容是我写给女儿们的信。为了便于读者理解，我专门在信的前后介绍写信的背景以及信件的成效。全书围绕以下6个主题展开：

- 人生哲学
- 洞察世界

序　言
态度决定命运

- 对待金钱
- 人际关系
- 有效学习
- 做人做事

在本书的成书过程中，我得到了家人的帮助和支持，特别是大女儿梦华帮我收集整理了我们交流的邮件，我的夫人张彦女士对稿件的内容进行了审核，滤除了涉及隐私的话题和内容。之后，脱不花女士直接促成本书的出版，范新先生和白丽丽女士作为本书的策划和编辑，帮助我完成了内容的选取、整理，以及结构规划工作。中信出版集团先见社社长朱虹、主编赵辉，以及编辑张艳霞、王金强出色地完成了全书的编辑、校对和排版工作。在此，我对他们表示衷心的感谢。

由于本人的经历、见识和水平有限，加上书中的内容主要针对我的孩子，因此书中难免有偏颇之处，希望广大读者朋友雅正、谅解。

吴军

2018 年 9 月 1 日

态度

第一章
人生哲学

第 1 封信
乐观的人生态度比什么都重要

> 梦华到 MIT（麻省理工学院）上学之前，询问我们对她有什么期望。我说会在离开波士顿的时候，给她留一封信，就是这封信。

梦华：

当你打开这封信的时候，我已经离开波士顿回加州了，接下来你就要一个人生活了。

前几天你问起我你小时候的事情，我想你的童年过得还是很开心、快乐的。那时候我们只有你一个孩子，闲暇时间相对较多，你在我回家后总要和我玩儿。你当时不需要学太多东西，可以尽

态度

情享受自己的快乐。作为父亲，我最希望看到的是你一辈子都快乐，这也是你母亲的心愿。

1996年，我刚到巴尔的摩的时候，看到那里的孩子花在读书上的时间都不多，平时好像过得很开心。我问美国人，那些孩子从小不拼命读书，就无法考进一个好大学，将来生活艰苦，怎么办。美国人说，拼命读书能否让将来的生活更好，还是一个未知数，但是快快乐乐地生活18年，这是能够看到的，自己也能够把握；人生能有多少个18年，与其愁眉苦脸地度过少年时光，不如先快快乐乐地过18年。他们的话，有一定的道理，一个乐观的人生态度比什么都重要。

巴尔的摩地区的家庭的收入都不算高，住在约翰·霍普金斯大学附近的那些家庭的收入恐怕只有硅谷地区家庭的一半，但是大家似乎都过得无忧无虑，非常乐观。当时，人们在街上彼此相见，即使不认识，也要打个招呼，问一声好。1997年，我在新泽西AT&T（美国电话电报公司）旁边的一个小镇生活了一个暑假，那里的人收入水平更高些，对人也是非常友善，我从他们脸上可以看到快乐和幸福。相比之下，在硅谷，虽然大家收入不错，但是似乎过得还没有巴尔的摩或者新泽西的人快乐。人如果不能过得快乐，有再多的钱也没有半点儿意义。

我小时候很穷，如果按照现在的水平来衡量就是赤贫。虽然

第 1 封信
乐观的人生态度比什么都重要

只能勉强吃饱，平时没有零食，穿的是破旧的衣裳，但是我从来没有觉得不快乐，或者觉得生活不好。其实，快乐和财富多少的关系并不大，它更多的是一种生活态度。

我幼时快乐的源泉，首先来自家庭的和谐。那个年代并不是什么好年代，贫困且压抑。在那样的环境下，很多家庭矛盾不断。你的爷爷当时是一个有 100 人左右的单位的领导，在我的印象中，三天两头有人到家里告状，诉说他们配偶的不是，但我的父母从来没有吵过架。这样一个和谐的氛围，让我和你的叔叔感到安心。后来，你的奶奶对我说，千万不能在孩子面前发生争执，夫妻之间的矛盾要在孩子不在场的时候解决。因此，我从小上的关于快乐的第一课就是和谐产生快乐。

快乐来自人自然天性的释放。我小时候生活的环境，考试压力相对较小，因此我和小朋友们能在山边、水边自由地游戏玩耍，让孩子的天性自由发挥。假如住在人口稠密的大楼里，每天除了上课就是回家做作业，人是很难高兴起来的。

相比自然环境，人的环境可能更重要。一个人身处社会，总需要一些朋友。过去没有今天的各种社交活动，但是我们同龄人之间的互动往来比今天频繁得多。孤独的人是很难快乐的。

当然，除了外界因素，快乐更多地来自内心。一个人内心豁达、心胸宽广，自然容易快乐。如果一个人不能包容，锱铢必较，

态度

狭隘自私，那么即使遇到好事，也会怀疑是不是别人的阴谋，这时他就远离了快乐。因此，世界上的贤哲都要修心，在这个过程中，快乐自然就会从心里源源不断地被创造出来。圣雄甘地一生的大部分时间要么住在牢里，要么奔波于田野乡间，生活环境差得不能再差了，但是他的内心永远保持着宁静与淡泊，因此无论环境如何纷乱，他都能从内在的宁静中寻得真正的快乐。当一个人在外面承担的义务很重，权势地位很高时，就更需要提高内心的修养，这样才能保持快乐。

每个人都希望过得幸福，但是心中难免充斥着怨气、嫉妒和骄慢等不良情绪，它们都是快乐的敌人。一些人一味追求物质享受，以为钱能够买来快乐。其实，钱对于快乐的作用有限，特别是当它达到一定的数量后，不过是账面上的一个数字而已。试想一下，如果一个人缺乏身心健康，卧病在床，纵然有钱，也不如一个能够想干什么就干什么的人快乐。

总的来说，我自认为还是一个充满快乐的人。回想一下，我除了有一个乐观的天性，主要在以下4个方面做得还算好。

第一，不断地接受教育，与时俱进。学习，获得新知，了解世界的发展本身就是一件幸福快乐的事。因此，我一直提倡学习是一辈子的事。

第二，有理想并努力实现自己的愿望。人无理想，就会厌倦

第 1 封信
乐观的人生态度比什么都重要

当前的生活，快乐也就无从谈起；有理想却不采取行动，不去做，又会失望、苦闷。因此，有理想和身体力行相辅相成，同时具备，就是快乐的源泉。

第三，与人相处共事，尽可能互相尊重，互相包容。我对自己的要求是和谐少争，无争是不可能的，做到少争还是有可能的。在一个集体中，不要妄自尊大、看轻他人，这样就容易与人相处，减少矛盾，自然也就容易得到快乐。

第四，看透人生。你现在还太年轻，不能体会这一点，也不需要体会。人最终必须看透很多事情，随着年龄的增长，你会体会这一点。

你很快就要离家独自上学了，你问我们对你有什么期望，我最期望的就是你在学校里能够过得快乐，相比你的快乐，取得好成绩是次要的。长远来讲，我期望看到你一辈子不论遇到什么事情，都能保持乐观，做一个快乐的人。

你的父亲
2015 年 9 月

第 2 封信
幸福的来源

> 共同读一本书,是梦华和梦馨与我们沟通的一种方式。她们的老师推荐的书,我们会读,而我也会给她们推荐一些读物。梦华打电话问妹妹在读什么书,妹妹告诉她在读爸爸推荐的书。于是,梦华写邮件问我那是一本什么样的书,是否有意思。

梦华:

妹妹最近在读一本叫作《幸福的蓝色地带》(*The Blue Zone of Happiness*)的书,作者是《纽约时报》的畅销书作家、记者和制片人丹·比特纳(Dan Buettner)。"蓝色地带"是一个人类学名词,意思是世界上特别长寿的那些地区。妹妹读完后,我和她进行了

态度

讨论。这本书你可读可不读，但是关于幸福这个话题，我倒想和你聊聊。

先从比特纳的这本书说起，他的几个观点很有道理。首先，幸福是一种感受，并非是钱可以衡量的。当然，这种感受也不是虚无缥缈的，而是和一个人生活的环境相吻合的。这本书中描绘的哥斯达黎加人超乎常人的幸福感，来自生活本身的轻松、愉快，它不需要多少钱。如果一个人认同这样的想法并且生活在那个环境中，他就会感到幸福。相反，在新加坡，通过努力挣到很多钱的人感觉自己很幸福，因为那个国度崇尚这种价值观。显然，具有这样价值观的人来到哥斯达黎加就很难有幸福感了，因为他会和当地的文化、习俗格格不入。反之，一个无忧无虑的哥斯达黎加人在新加坡也不会幸福，因为那里的人会觉得这个不想努力工作、凡事无所谓的人实在是一个坏典型。

读到这里，我想你当初选择 MIT 是对的，因为周围的同学和你很像，这让你有如鱼得水的感觉。如果你选择了培养政治领袖的哥伦比亚大学，虽然课程轻松点儿，但可能过得不开心，因为你不喜欢挤到那些咄咄逼人一定要当领袖的学生里去。

比特纳的另一个观点我也赞同，就是幸福需要基本保障。他在书中提到了三个幸福指数特别高的国家——哥斯达黎加、丹麦和新加坡。虽然它们的政治制度不同，前两个比较社会主义，其

第 2 封信
幸福的来源

至有点儿共产主义的意味,而新加坡是典型的资本主义,强调个人奋斗,但有一点是共同的,就是社会保障制度健全,大家没有后顾之忧,可以大胆追寻自己的理想。中国有句老话,叫作人穷志短,也就是说,当人吃不饱肚子时,很难有崇高的理想。我不会为你将来的生计发愁,不过依然要提醒你,在任何时候都应该给自己留一笔应急的积蓄,以便让你做事没有后顾之忧。

讲完别人的观点,我说说自己的看法,主要有两点。

其一,生命通过基因传承而延续,大部分研究幸福学的学者都认为这是幸福感最根本的来源之一,它远比暂时的男欢女爱、财富和虚荣更让人类具有长久的幸福感。人和其他任何物种一样,都担负着传承基因的使命,因此当人们看到自己的生命可以通过基因一代代延续时,会不自觉地展开会心的微笑。这一点原本谁都知道,但是在现代社会,当人们过于忙碌时,反而难以静下心来思考,忽略了很多根本的快乐。你在上高中的时候,我从中国回到美国,一个主要目的就是在你还没有离开家的时候,能够有机会陪伴你。这种幸福并非工作中的成就可以取代的。

不过,这种幸福任何动物都有,人终究还有高于其他动物的追求,那就是人的存在和行为可以给世界留下烙印或者创造快乐。当我们得知自己的所作所为给世界带来或多或少的正面影响时,会有一种发自内心的快乐。

态度

其二，人生是一条河。一条河的水量由它的长度、宽度和深度三个因素决定。一个人的影响力也是如此。有些人当下的影响力非常大，受他影响的人很多，但是未必长远。有些人则如同一条很长的河，影响力绵长持久。打个比方，一些流行歌手就属于第一类人，他们有很多歌迷，但是音乐比较浅显，影响力也不是很持久。因此，我把他们比作一条很宽但却比较浅、比较短的河。莫扎特则正相反，他的听众从来不会太多，但是他的音乐有深度，就如同一条宽度不大却源远流长并且很深的河。虽然我们很难说哪一种河的水量更大，但是我比较喜欢后一种人，因为时代越久远，那种蜿蜒的长河会持续下去，不会断流。莫扎特便是如此，虽然他已经去世两个多世纪了，但是今天他依然吸引世界各国的人游览其故乡萨尔茨堡。类似地，贝多芬、米开朗琪罗、牛顿等人也是如此。在我们的领域（计算机科学），有图灵和冯·诺依曼这样的人。

当然，大部分人很难成为上述这些人。不过没有关系，只要我们对世界有一些正向影响，就会由衷地感到幸福。2012年，我从中国回到离开了两年的谷歌，发现公司虽然在很多地方已经变了，但是我们很早之前写的一些代码被略微修改和封装后，依然在被广泛地使用，其中使用率最高的一组算法已经被用在上百个项目中。这时，我所获得的幸福，远不是公司给我的奖金可

第 2 封信
幸福的来源

比的。

并非所有的人都能在生前看到他们的工作产生的效果。牛顿和贝多芬在活着的时候已经看到了自己的成就，因此他们是幸福的，尽管他们没有留下子嗣。尼采在活着的时候还没有太多人关注他，但是他有信心在将来大家都会认识到他的伟大。从这个角度讲，他也是幸福的。但是绝大部分人，他们的作用不仅在生前被低估，甚至永远不会被人知道，能够让他们静下心来追求一种成就的是一种要给世界留下点儿美好东西的信念。莫扎特在生前，每一天都是平平静静地写曲子，演奏音乐，如此而已。他并不知道后人会冠以他"伟大的音乐家"这个称号，这对他似乎并不重要。对他来说，写好曲子才是最重要的。可以说，这种心态成就了莫扎特。

你上次问我，为什么很多美国人会给大学捐钱，一些并不算太富有的人也会这么做。苏联文豪高尔基的一句话正好可以回答你的这个问题——"给总比拿要快乐得多"。美国的富豪之所以会向大学、医院和其他慈善机构捐款，是因为他们能够获得给予带来的幸福感。他们甚至觉得这样做比把钱留给子女更快乐，因为通过向大学和医院捐款，他们能看到自己的钱在宽度、深度和长度上更多地影响未来。

欧文说，人类一切努力的目的在于获得幸福。其实，我们做

态度

很多事情就是为了这个目的。如果做一件事背离了这个初衷，我们就需要审视自己了。

祝你幸福一生！

你的父亲

2017 年 11 月

第 3 封信
如何拥有抵制诱惑的定力

梦馨：

今天要和你谈谈玩游戏的事情。你问我为什么给你很多时间在户外玩耍，却限制你用那些时间自由地支配，比如玩电子游戏。

先讲讲户外运动对孩子的好处。户外运动不仅可以锻炼肌肉，消耗多余的体能，而且可以放松因看书而疲劳的眼睛，对身体发育有很多好处。团体游戏（包括体育比赛）可以把利己性（获胜）和社会性相结合，也是交友的好方法。游戏的规则是它的精髓，在规则内想尽办法获胜则是游戏的技巧。练习这些技巧，不仅能够有利于游戏本身，而且是将来在社会上掌握做事原则的预演。实际上，很多商业活动就是在规则内最大化自己的利益。

然而，户外运动，或者称它们为户外游戏，虽然会给我们带

态度

来快感，但是那种快感远没有手机或者平板电脑上的电子游戏的快感来得直接。你无论是自己做一项户外运动，还是和朋友一同打球，都需要经过比较长的时间，耗费相当大的体力，身体才会分泌一点点多巴胺，只能获得一点点快感。玩电子游戏，那种化学物质分泌得非常快。当然，快感也来得非常快，甚至很强烈，年轻人非常容易上瘾。当人们对一种简单而强烈的快感上瘾后，对于其他事情就失去了兴趣，这就如同吸毒带来的快感一样。因此，我虽然不制止你玩游戏，但是一直提醒你不能多玩，以免对其他该花时间的事情失去兴趣。

我向来反对那种所谓电子游戏无害，甚至有益的说法。我曾经在腾讯工作过，里面的人说很多游戏玩家不吃饭、不睡觉地玩游戏，其实和吸毒已经没有什么区别了。长此以往，这个人就被毁了。虽然个别人玩电子游戏并参加比赛，获得名次，多少有点儿成就，但是从统计上看，沉迷电子游戏的人，绝大多数在学业上和工作上都不如其他同龄人，很多人甚至从此丧失了工作热情和能力，靠父母养活。在中国，这些人被称为"啃老族"。

有人说大家都玩游戏可以让社会安定，我不觉得这种无法做A/B测试的说法有统计上的依据。一个全民着迷于游戏的社会，就如同一个满街瘾君子的社会。如果有人觉得后者是安全稳定的，你恐怕要怀疑他的智力有问题。如果满街瘾君子的社会不安全，

第 3 封信
如何拥有抵制诱惑的定力

又怎能证明全民玩电子游戏就对社会安全有好处呢？一个真正安全的社会，每个人都会有一种蓬勃向上的精神。大家认为明天会更好，并因此奋斗，而不是大家都无所事事像行尸走肉一般。20世纪60年代，伯克利—奥克兰地区是颓废的瘾君子聚居地，从那时开始，那里就没有安全过。直到今天，它依然是硅谷地区最不安全的地区。

电子游戏是有诱惑力的，这就如同很多其他事情有诱惑力一样，但是摆脱诱惑是我们必须要做到的。你可以把它看成一种能力，也可以把它看成一种品行。将来，如果你担任一家银行的投资经理，看到那么多钱，是否会为此动心，挪用一些给自己谋点利益呢？很多人其实抵挡不住那种诱惑，最后不得不在监狱里度过后半生。因此投资银行在教育新员工时的第一件事，就是要求他们能够抵御钱的诱惑。

抵御诱惑最根本的方法是有一个长远的大目标。这个目标要有意义，让你愿意为之努力。因为它很大，需要很长时间才能实现，于是你的关注点和精力都聚焦在这个目标上了，渐渐就会对玩电子游戏这样的诱惑失去兴趣。你的姐姐在中学时，也曾经花了不少时间玩游戏，但是当她决定通过自己的努力上一所好大学之后，就坚决地戒掉了计算机游戏。我到美国之前，也玩过电子游戏，偶尔还会一玩几个小时，但是后来因为要准备出国，有更

态度

重要的事情要做，有更大的目标要追求，就不再玩那些游戏了。到今天，我对电子游戏已经没有多大兴趣了，即便偶然一玩，也完全不会上瘾。

如果你说追求一个长远的目标并非一件容易做到的事情，那么第二个能让你摆脱像玩电子游戏那样上瘾的事情的方法就是做一些有成就感、有回报的事情。玩完电子游戏之后，除了眼睛累，人其实没有多大成就感，甚至还要花钱，回报是负的。你在院子里照顾一下花草，几周后它们就能绽放，你看了会赏心悦目，这就是劳动的回报。如果你把玩 iPad（苹果平板电脑）的时间用来锻炼 30 分钟，消耗掉足够多的卡路里，让你敢多吃两口美食，也是回报。或者你用这个时间为我洗一下车，可以获得直接的金钱回报。如果你养成这个习惯，将来把时间都用来做有回报的事情，不仅收入可以提高，而且会把自己的很多生活和工作技能训练得更好。

有回报的事情和造成上瘾、受到伤害的事情常常没有交集。原因很简单，任何回报都不能白白得来，需要付出努力，甚至有些时候要逆着自己的欲望行事。比如你想在数学考试中多得几分，就要付出努力。如果你的方法得当，随后就会有所回报。这时候你能同样获得快感和成就感，它和打赢游戏是差不多的。不同的是，你如果想再次获得这样的快感，就要得到更好的成绩，付出更多的努力。当然很多人不愿意付出，也坚持不下来，更不用说有瘾了。但提高成绩是有真正回报的，在获得快感的同时，还会真正提升你的能力，让你变得更强大。

你有时会听到我批评优步有很多不好的地方，它破坏了很多规则，让现有的出租车司机的日子更加艰难，也让城市更加拥堵，等等。但是在一个方面它对社会产生了非常好的效应，就是让一些有闲暇时间的人能够干一些有益于社会的事情。大部分兼职的优步司机，文化层次和职业收入都不高，他们其实处在一个很不确定的社会位置，或许通过努力，提高自己的收入和社会地位，或许浪费时间沉沦下去。优步给了他们向上走的机会。当他们每做一单优步生意，收入能够多一点儿，并且渐渐养成不浪费时间的习惯，他们的经济地位就上升了，或许他们的美国梦就此开始了。

对于你，我知道不能简单以钱来刺激你做什么事情，而是需要通过第一种方法，通过设立长远目标摆脱玩电子游戏的欲望。到目前为止，你享受了很多人享受不到的教育，你自己也梦想将来能做点儿大事，但是一切要从脚下开始。虽然有了长远目标之后，人可能会时不时打退堂鼓，但是我希望你对实现任何长远目标能够养成一个做事习惯——用平和的心态，日积月累圆满地实现目标。我也争取帮你设定一些中间奖励，让你能体会到努力的

态度

收益，养成不断努力的习惯。你看这样好吗？

　　另外，你将来可能会遇到比电子游戏更大的诱惑。在那些对你无益的诱惑面前，你需要定力，而这些则可以从你淡忘电子游戏开始。

你的父亲
2017 年 11 月

　　梦馨已经很少玩电子游戏了，学习成绩、课外活动水平都有了明显的提高。

第4封信
成功是成功之母

> 这是我在中国出差期间和梦馨通电话后给她写的信。在电话中,她表示近来功课太忙,课外活动也比较多,需要放弃一些,和我商量放弃哪些。我当时不能马上做决定,告诉她要考虑一段时间再谈自己的想法。

梦馨:

爸爸最近在中国很好,只是没有办法陪你去打球了,周末你还是和妈妈去练习一下,不要等我回来发现你把球技荒废了。

这学期你的功课一下子多了很多,时间明显不够用了,因此你必须放弃一些课外活动了。你在电话里告诉我,你不想弹钢琴

态度

了,因为你对此兴趣不大,而且觉得自己似乎没有这方面的天赋。我倒觉得你应该放弃刚开始学习的计算机,把钢琴弹到10级。我是这样考虑这个问题的。

先讲讲兴趣,你对音乐的兴趣还是很大的。你从四五岁开始就能听完整的严肃音乐会,那个年龄的孩子大多无法安安静静地在音乐厅里坐上两个小时。后来每当旧金山有好的音乐会、芭蕾舞和歌剧演出,你都有极大的兴趣去听去看,去现场体会。随着年龄的增加,你看了世界上很多大师的表演,你的鉴别能力也在提升。最近一年多,你开始学习歌剧表演,进步也很快,而且对此很有兴趣。因此,你对音乐本身是有兴趣的,而且在这方面还是有一定的天赋的。

至于你近来对练习钢琴的兴趣不大,把它放在了需要放弃的项目名单中,我想有这样两个原因。

首先,你觉得练琴,特别是练习基本功确实有点儿枯燥。但是,我注意到你自己有时会主动找一些好听的曲子自己试着弹,这说明弹琴本身并不枯燥,只是老师交代的练习比较枯燥而已。为什么老师要强调基本功的练习呢?因为它不仅能让你将来弹奏比较复杂的曲子,而且能让你的弹奏水平提高几个级别。实际上,除了极少数孩子自愿把主要精力放在弹琴上,大部分人弹琴的时候是在自己逼迫自己。几乎所有的孩子都是如此,并不是因为你比别人不适合弹琴。

其次,很多东西的进步是容易看见的,比如学习计算机,几

第 4 封信
成功是成功之母

乎每个月你都能发现自己的本事在长，然而钢琴的进步则相对缓慢，你练习了一个月，也未必能感觉到明显的进步。对于大部分人特别是年轻人来说，每天看到进步，或者每天得到奖励，才更有动力做一件事。如果不能马上看到结果，人们通常会失去耐心。不仅你有这种感受，我过去也有，几乎每个人都有。

当然，你最近不太想弹琴，可能还有别的原因，你不妨告诉我。今天，我们先说说这两个原因。

显然，你遇到了每个人都会遇到的困难。这时候你有两个选择，一是回避这种困难，二是挑战一下自己，看看能否克服这个困难。一群年纪相仿的人在小时候没有太大差距，但是在成长的过程中会不断分化。有些人遇到一些困难，或许在别人的帮助下克服了，或许自己克服了，总之把问题解决了，那么他就往前走了。另一些人或许因为没有人帮助，也没有人告诉他们需要克服困难，总之退缩了，就在原地停留了。这样的事情其实每天都会发生，态度不同，结果不同，日积月累，差距就显现出来了。因此，我们决定让你弹琴不仅是练习一种技艺，更多的是通过这个过程，让你知道怎么挑战自己，做一些自己不太想做，却不得不做的事。时间长了，你做事情就不会仅仅是随性，而是有目的，有主动性了。

现在你已经通过 8 级，如果不出意外，再有两年你会通过 10 级，这对于一个业余爱好者算可以了，也会是你经过 9 年的努力

态度

做成的一件事。我一直觉得，人在年轻的时候，需要做成几件事，并且通过这些成功的过程，学会取得成功的方法。一个人如果做一件事失败了，虽然可以总结经验，吸取教训，但是第二次哪怕他离成功再近，都有可能在最后时刻功亏一篑。人只有成功过一次，才更容易成功第二次、第三次，因此失败不是成功之母，成功才是成功之母。我第一次登香山的主峰鬼见愁时比你现在小一岁，海拔500多米的山，爬到400米左右的时候，累得气喘吁吁，肚子又饿，很想放弃，下山回去。这时一个老者对我说："再努一把力，就到了胜利的终点，否则你会后悔很长时间。"于是我就一步一歇地慢慢往上爬，最后终于到了山顶。那时的成就感真的难以形容，虽然这其实只是一件小事。再往后，登山对我来说就不是什么了不起的事情了，只是一个时间问题而已。

　　练习钢琴除了锻炼一些自己克服困难的能力外，当然更主要的目的是将来愉悦自己。我们全家每年要花很多时间和金钱用于听音乐会，我们都非常享受高水平的音乐表演，为了能更好地享受这样的生活，自己能够演奏音乐或者唱歌是必要的。钢琴是所有乐器中声音最完备的，因此是各种乐器的基础，这也是我们需要练习钢琴的原因。一些家长为了让孩子在音乐比赛中拿个名次或者进入乐队，以便申请大学，于是让孩子从小学习一些冷门乐器。这或许是一条捷径，但是我觉得这失去了学习音乐的真正目的。练习钢琴的

第4封信
成功是成功之母

人太多了，想出头几乎没有可能，但是我觉得我们学习它是为了愉悦自己，并提高自己的音乐素养，因此我从来不让你走什么捷径。

柏拉图认为，音乐是"教养的和谐、灵魂的完善、激情的中和"。他的第一层意思是说，懂得音乐的人可以更有教养，这一点你是同意的。第二层阐述了音乐对完善人的灵魂的帮助。很多音乐和宗教有关，它们可以荡涤我们的心灵，不仅慰藉我们的痛苦，而且让我们的心变得更崇高。很多时候你会发现你和音乐家的心能够共鸣，而媒介就是他们的音乐。我们很多无法用语言表达的心情，可以通过音乐表达。第三层意思是说音乐可以让人变得更平和，这一点随着年龄的增加，你会越来越有感触。

我知道你一直拿姐姐作为标杆，你的老师和同学也会这样看待你。在很多方面，你要超过姐姐是非常困难的，但是在音乐上你确实做得比她好。我想你一定很愿意保持和进一步发展这个特长，让大家知道你的特点。

你的父亲

2017 年 11 月

梦馨后来通过了钢琴 9 级考试，并且在一次钢琴比赛中获奖，得以在纽约的林肯中心登台表演。

第5封信
最好是更好的敌人

> 梦华的同学在学校里商量协会的一些事情。有几次，因为大家找不到一个让所有人满意的方案而难以推进。梦华讲了这件事之后，我一直没有机会和她谈，直到最近有了一个契机……

梦华：

你一定看了新闻，昨天佛罗里达的一个高中发生了枪击案，造成17名学生死亡的惨剧。因此我写信给你，希望你要特别、特别注意安全。如果晚上从教室走路回宿舍，最好有朋友同行，而且最好逆行，这样别人走在你的对面，你看得见。这是我在约翰·霍普金斯大学读书时校警给的建议。此外，到人多的地方要特

态度

别小心,在校园里随时寻求校警的帮助。我知道你不喜欢我这么唠叨,因此我今天谈点儿别的话题。

你之前问过我,为什么美国不控制枪支出售,或者干脆禁枪。针对这个问题,简单的回答是因为美国《宪法》第二修正案使得禁枪非常困难,但是历史上并非没有限制枪支的机会,只是因为一些很荒唐的原因错失了。

美国在2016年底有过一次通过限枪法案的机会。那一年美国发生了太多的枪击事件,仅芝加哥地区就发生了3550起,死了762人,伤了4331人。国庆日7月4日当天,该城就发生了60多起枪击案。鉴于这样严重的治安情况,美国各阶层的人都呼吁枪支管束,即使过去支持无条件拥枪的步枪协会都不得不支持有条件限枪。在这样的形势下,美国国会两党都提出了禁枪或者限枪法案,当然内容有所差异。简单来说,民主党提出的法案支持严格禁枪,而共和党的法案希望有条件限枪,即在卖枪之前先做比较详细的背景调查,确保拥枪人员无犯罪记录。但是,在随后不久的表决中,两个法案都没有获得通过,于是限枪就无疾而终。

我不知道之后发生在校园的几十起重大枪击案是否会让当时那些投了反对票的议员有点儿罪恶感。但从这件事,我想和你谈谈自己的另一个观点,那就是在任何时候,"最好是更好的敌人",或者说,任何进步都比没有进步好。2016年底,两党的方案其实

第 5 封信
最好是更好的敌人

有很多共同之处，甚至可以说，共和党的方案是民主党的方案的子集，至少双方都同意有不良记录的人不能拥有枪支。如果能达成这样一个折中协议，总比没有结果好。但是双方都希望自己的诉求全部得到满足，最后的结果却是什么诉求都满足不了。

今天和你谈这个话题，除了让你注意安全，还因为你前一阵儿讲的一些事情让我觉得有必要聊聊"最好是更好的敌人"这个话题。你提到有时同学总是因为想不出让所有人都满意的方案而难以推进工作。世界上很多事情，其实本身很难一步到位。很多时候，一些人无所作为不是因为不想做事，而是一根筋地追求最好，最后什么也得不到。虽然我一直和你说要追求卓越，要实现最后的1%，但是这并不意味着我们不可以接受部分改进。很多时候，一个完美的结果需要完成很多改进，而不会一步到位。

2002年，我到谷歌的时候，从事搜索引擎反作弊研究。当时，很多网站都试图在网页中添加各种关键词，以便它们的排名能够靠前。我们非常反对这种作弊方法，因为它破坏了互联网环境，会毁掉互联网。因此，我们最希望的就是惩罚所有作弊者，但是把他们都找到并不容易。我们当时的策略就是在现有条件下，能解决多少问题就解决多少问题。第一次，我们抓到了大约46%的作弊者，这只花了半年时间。当然你会说，还有一大半呢。别着急，慢慢来。一年后，我们又抓到了剩下的一半作弊者。如果我

态度

们一开始的目标就是抓到所有作弊者，可能这个项目永远完不成。46%不是一个完美的结果，但是它总比没有结果强。

在谷歌内部，大部分产品的改进都是渐进的，即使是新产品，也难以第一次就很完美。很多时候，快到新版本上线的截止日期，总有个别项目不能如期交付相应的功能，缺了一些功能的新版本确实让人不舒服。这个时候怎么办呢？是否再等一两天？我们的做法是不等，因为可能永远没有完美的时候。将一个比原来更好一点儿的版本按时提供给用户，总比为了追求一个完美的版本，最后什么都提供不了好得多。

虽然我们最终的目标是不断接近完美，但这个世界本来就不是完美的。认识到这一点，我们在生活和工作中就不会为了最后的一点点工作而永远无法把它们做完。大部分时候，一个更好的改进让我们获得两成收益，两次这样的改进就可以获得四成收益，而我们自认为最完美的改进，不过让我们获得三成收益而已。随着我们的认识不断进步，会发现过去认为的完美其实并不完美。2+2>3的道理谁都懂，做事情不怕慢，就怕停。

我以前和你讲过我为什么信奉保守主义哲学，因为它让我们能够从小事、身边的事、容易做的事开始，一步步改善我们的环境和社会，最终达到进化的目的。相比之下，很多理想主义者，他们要做的事情永远开始不了，更完成不了，最终在等待和扯皮

第 5 封信
最好是更好的敌人

中，让时间白白流逝了。

回到控枪这个话题，解决问题的办法一定是一个暂时性的折中方案。然后会经历很漫长的过程，才能达到一个各方面都满意的结果。

你的父亲

2017 年 4 月

第 6 封信
好习惯成就一生

> 梦华在 2017 年申请新的暑假实习时,前两个面试结果都不理想。她在和我通话时抱怨近来运气不好,有点儿怀疑自己的命不好。这封信是我给她的回答。

梦华:

今天我和你谈一个哲学意义上的话题——命运。

"命运"这个词在英文中是 fate,在中文中其实可以拆成"命"和"运"两个字,有两层意思。"运"是运气(fortune),它很重要。我接触了很多办公司成功,把它们推上市的创始人,他们几乎无一例外地承认,自己不过是运气好一点儿而已。事实上,如

态度

果没有运气，再努力也未必有结果。有趣的是，我遇到一些做事不那么成功的人，他们无一例外地抱怨自己运气不好。但是，世界上永远不缺运气好的人，彩票中大奖的人都是如此。只不过（在美国），几乎所有中大奖的人在10年内都会把几千万美元到上亿美元的奖金败光。在中国，改革开放初期在股市上靠冒险发财的人，几乎没有什么好结局。

人其实很难一辈子都走好运，当然也不会一辈子走霉运。我从约翰·霍普金斯毕业的时候，当时的校长布隆迪给我们讲了杜鲁门的故事。他前半辈子霉运一个接着另一个，但是后半辈子似乎时来运转。当然，在这背后有很多必然性，这一点我等会儿再说。

"命运"在中文里的第二层意思，就是英语里说的fate，一种决定了人一生的、难以摆脱的宿命。古代在东西方，大家对这种宿命都感觉无能为力。孔子说，人到了一定的年纪，就能认清自己的命运，从而做到不做违背命运的事（从心所欲，不逾矩）。在古希腊，众神之神宙斯的后面，冥冥之中还有掌控神的命运的女神摩伊拉，即使宙斯也不能违抗她的安排。

那么人的命运由什么决定呢？搞生物的人会说，是基因决定的。这确实没错，因为基因的作用远比我们想象的强大。因此，一个人如果知道自己在基因上有什么缺陷，从年轻时就要做好防范，以便自己能生活得更好。但是，人作为一种社会动物，还有

第6封信
好习惯成就一生

另一种"基因",它可能在人生早期形成,最后决定了我们的命运。英国著名的女首相撒切尔夫人对这种"基因"做了很精辟的分析,她说:

注意你的想法,因为它能决定你的言辞和行动。
注意你的言辞和行动,因为它能主导你的行为。
注意你的行为,因为它能变成你的习惯。
注意你的习惯,因为它能塑造你的性格。
注意你的性格,因为它能决定你的命运。

很多时候,我们从小养成的很多习惯,最终决定了我们的命运。比如,一个孩子从小在学数学时,开始的时候觉得内容简单,喜欢跳步骤;为了着急做完,字迹写得太潦草;为了省纸,草稿纸上和作业本上写得密密麻麻。这些一开始只是孤立的行为,但是时间一长,就形成习惯了。等到上中学时内容稍微深一点儿,跳步骤就时不时会出错。当然,99%的人都没有意识到自己的根本问题,简单地用粗心来解释。字迹写得潦草,最后连自己也看不清,5抄着抄着就变成了3。在纸上写得密密麻麻的人,考试回过头检查的时候,找一个数字、步骤或者公式,半天找不到,眼见时间一分钟一分钟过去,人就难免紧张慌乱,能做出来的题也

态度

难免做错。有这些习惯的人，再努力也学不好数学。再过一段时间，他就开始怀疑自己的能力和智力水平了，性格也开始变了。然后，他可能就会放弃学习数学甚至所有科学课程。于是，他的命运在一开始，就被一个不好的做事方法和行为决定了。

我的很多读者以及一些媒体记者问我，寒门是否难出贵子。意思是说，穷苦家庭的孩子是否很难成功。我说，是寒门还是豪门，与出贵子这件事无关。生于豪门的人，有很多人很大气，他们自己也努力，利用家族的财富和其他资源做出了一番事业，比如过去的很多科学家都是如此。但是，也有不少豪门只出纨绔子弟和平庸后代。范德比尔特曾经是美国最富有的人，但是他今天的后代没有一个资产超过100万美元，而在美国，资产超过100万美元的家庭达1000多万个。2016年，美国总统大选在特朗普和希拉里·克林顿之间进行。这两个人的家庭都算豪门，有意思的是，其实他们的女儿形成了鲜明对比。伊万卡·特朗普虽然出身豪门，但是从小颇为自立，十多年前就靠自己的努力在社会上站住了脚。即使父亲当不上总统，她也是社会精英。切尔西·克林顿就不同了，如果她的父母不是克林顿夫妇，大多数人就不会注意她。所以豪门未必出贵子，寒门未必不能出贵子。今天，《福布斯》美国富豪榜上，大部分是第一代。也就是说，他们的财富和父辈的关系并不大。当然，在美国，更多的底层人士的孩子是难以摆脱

-036-

第 6 封信
好习惯成就一生

他们的阶层的。

为什么经济条件类似的家庭，孩子最后的命运相差会很大？这是因为很多事情在过去不知不觉中，就决定了。那些我们不注意的小地方，如撒切尔夫人所说，从做每一件小事开始，慢慢形成习惯，习惯塑造了性格，性格决定了命运。

人的运气首先由环境决定。马尔科姆·格拉德威尔在《异类》一书中强调，人出生的时间和地点在很大程度上决定了他们的命运。全世界 1/5 最富有的人出生在 1830—1840 年的美国，因为他们赶上了美国的工业革命。在中国，你的上一代人也就是我的同龄人因为赶上改革开放，就比生活在 100 年前的人幸福。在美国，婴儿潮一代被认为是幸福的，因为当时在世界上没有哪个国家可以和美国竞争，因此他们很容易就能找到一份体面的工作，并且一生不愁温饱。在接下来的几十年里，欧洲和日本是指望不上了，世界的发展只能指望美国和中国。如果我们相信时代的安排，在这两个国家之间做点儿事情就会事半功倍。你小的时候我一直坚持在家和你说中文，今天你的中文口语能力和中国人没有什么差异，你就比周围的同龄人多了一条腿走路。很多华裔家长任由孩子在家说英语，然后非常偷懒地把他们送到中文学校，以致孩子 20 岁了，中文水平还不如中国小学生。这实际上就放弃了 50% 的机会，今后再努力，先天也有 50% 的不足。因此，你在学校继续

态度

学习中文，这是非常好的做法。

决定个人命运的第二个因素则掌握在每个人自己手里，它是在一个人小的时候不知不觉确定下来的。我经常和国内的一个朋友说，看一个人在小时候挨了一巴掌后的反应，就能知道他的命运。

概括起来，所有人对于挨了一巴掌的反应无非三种：第一种，一巴掌扇回去；第二种，认命，捂着脸走开；第三种，先冷静分析，也许是我们真该被扇，那就接受教训，也许对方真的就是个浑蛋，我们或许该叫警察或者他的家长、老板来管他，当然也可能有人日后找机会整治他，让他记住教训。

我们在一辈子的经历中总会遇到各种麻烦和难题，它们就如同别人或者现实生活不断地在扇我们巴掌。对待这些巴掌的态度和处理方法就决定了我们的命运。比如我们上小学时，第一次考试没有考好，怎么办？第一种方法是把卷子撕了，甚至把同学的卷子也撕了，这就相当于一巴掌扇回去的做法。有的家长还帮忙扇，跑到学校和老师吵架。第二种方法是从此不学了。很多人告诉我，这辈子没有学好某门课，就是因为小时候老师打击了他的学习兴趣，这相当于捂着脸认命。当然，我们都知道这是在找理由为自己不成器开脱。第三种方法是分析一下原因，或许该努力，或许老师判错了（这种情况是有的），或许老师根本不是好老师，

-038-

第 6 封信
好习惯成就一生

或许考试头一天家长就不该带孩子去迪士尼玩儿……接下来，根据不同的情况找出改进方法，并且落到实处。

人一辈子被扇巴掌的情况和原因有很多，各不相同，但是一个人对待它们的方法却有高度的一致性。习惯于扇回去的人一辈子都在扇别人巴掌，最后可能遇到一个拳击冠军，一巴掌就被扇死了。中国去年有这样一则新闻，说一群人大早上在机动车道上"健走"，结果被一辆出租车撞翻，造成一死两重伤。网友们评论说这是 no zuo no die（"不作不死"）。其实，这也就是那些人的命，他们看问题的角度不是这样做是否合适、安全，而是社会就该给他们提供走路的地方，在马路上别人也不敢撞他们。这些人从小就缺乏文明素养，我行我素惯了，经常不把自己的命当回事，发生这样的悲剧是时间早晚的问题。

还有一些人，包括很多美国的亚裔家长，自己受到变相的歧视，在单位里升迁遇到阻力，就认命了，不争取自己应有的权利，相当于挨了一巴掌从此认怂。回到家后，他们把压力给了自己的孩子。他们的逻辑是"爸爸、妈妈没本事，你要好好读书，将来上了常青藤大学就有出息了"。现实情况却是，在美国，如果一个族裔自己不争取权益，孩子书读得再好，和其他族裔相比，依然没有机会，申请大学的时候依然会受歧视。因此，我一直坚持，要想让亚裔真正得到公平的待遇，就要从自身开始，积极参与政

态度

治，坚决反对各种AA（平权）议案，并且在选举中一致反对任何支持平权议案的候选人，以达到影响美国的大学录取的目的。当然，这条路走起来非常漫长，但是必须开始走，因为行动最终决定命运。很多亚裔家长回避问题，只知道在家辅导孩子。他们的孩子，很多是你的同龄人。事实上，等这些孩子成了学霸，上了好大学，会发现自己依然没有机会。

我很高兴你上次带妹妹去波士顿时，主动找航空公司交涉，把妹妹原来就该有的升级仓位要了回来，这说明你能正确处理挨了一巴掌这件事，而这样的行为会让你有好的习惯和命运。

对于女生，影响你的命运的一个很重要的因素是将来的丈夫或者伴侣。巴菲特说，女人要嫁给一个比自己优秀的人，因为如果嫁给一个不如自己的人，将来一辈子都是麻烦。他的话未必完全正确，但细想是有道理的。中国过去有一位既美貌又有才情的大家女子林徽因，就是设计越战纪念碑的林璎的姑妈，她一生交往的男性朋友都是大才子，后来的丈夫是中国近代知名的建筑师梁思成。在当时，他们家是最有学问的精英聚会的地方，这样的环境无疑对她帮助很大。林徽因后来作为中国国徽的设计者和北京的城市规划者载入史册。相反，如果她嫁给一个渣男，一辈子麻烦多多。这不仅是因为那个人本身有问题，而且他的朋友圈子通常也好不到哪儿去。台湾七八十年代有一个非常著名的女演员

第 6 封信
好习惯成就一生

叫胡因梦，嫁给了非常叛逆的李敖，很快李敖就对她厌倦了，离婚后还不断说她坏话。她后来评论这段经历时说，嫁给一个渣男，需要 40 年时间恢复。人一辈子恐怕未必有两个 40 年。去年我们和中国影视圈的朋友谈到一个大家熟悉的演员，大家说她是苦命人，嫁人不顺，投资也不顺，一辈子辛辛苦苦演戏，最后白忙活一场。我说，这是她命不好，怨不得别人，一来读书少，二来圈子太狭窄，以致见识和判断力高不到哪儿去。

关于命运，是一个太大的话题，这几页纸的内容也不过提供给你一个思考这个问题的思路。总的来说，我认为你现在处于一个好时代，但是很多事情，要从做每一件事开始养成好习惯，培养好性格，结交好人，这样命运女神就会垂青你。

祝好运！

你的父亲
2017 年 9 月

梦华后来拿到了布隆伯格的实习邀约。

态度

第二章
洞察世界

第 7 封信
决策时格局要大

> 这两封信是在梦华大学二年级开学前写给她的,希望她能够在学业之外多关注其他事情,能够有一个比较高的境界和大的格局。

梦华:

你马上就要成为大学二年级的学生了。在第一年里,你的成绩很好,花了不少时间读书,这非常好。接下来,你或许有时间多考虑一些课程以外的事情。

上次我见你们学院院长的时候,他问我你选了什么课,我非常惭愧,没有过问你选课的事情,因此回答不上来这个问题。我

态度

之所以不管你选什么课，是因为我觉得你选什么课都可以，相信你的课程导师比我更有发言权。不过，既然劳烦你们院长问起我，我倒是有个小建议，就是你不妨选一点儿人文课程，开阔一下眼界，增加点儿见识。现在你在 MIT 选课很容易，等你真的离开学校，那些人文课程反而学不到了，倒是那些专业课，将来学习的机会很多。

人文课程有什么用？我觉得主要是让人的眼界开阔一些，格局大一些，不要把自己局限在一些专项技能的学习上。从 MIT 毕业，我希望你能从大处着眼，在境界上超过同龄人，而不仅仅是技能比他们高。

几周前，我们考察了一个创业项目。这个由 4 个 MIT 和哈佛毕业生组成的创始团队，是我们见到的创始团队成员的毕业学校的名气最大的一个。这 4 个人都非常聪明，但是做事的格局显得不是那么大。他们想做什么事情呢？简单来说，就是高频交易。

关于高频交易，我不知道你了解多少。我和你简单讲讲它是怎么一回事。在股市上，如果买卖双方在出价和要价一致时就可以达成交易。如果一个卖家要以 10.05 元的价格卖掉 100 股 A 公司的股票，一个买家只愿意出 10.04 元或者更低的价格，这个交易就无法达成。这时，如果买家或者卖家真心要做生意，又不太在

第 7 封信
决策时格局要大

乎这一分钱，买家可能在出价上提高一分钱，当然卖家也可能在要价上降低一分钱，无论哪一种情况，这个生意都可以做成。在现实的世界里，由于卖家和买家之间有信息沟通，有可能买家的提价和卖家的降价是同时进行的，即一方下单以 10.05 元买进，另一方下单以 10.04 元卖出，那么买卖之间就多出来一分钱的价差，这样交易的中间商就可以赚一分钱。

如果有人看到这个信息，迅速下两个单子，以 10.04 元买进，再以 10.05 元卖出，就赚了这一分钱。这种交易，每次量不可能太大，利润也不会高，但是机会很多，因此其特点是交易频率非常高，这就是一种高频交易。那么谁有可能做成这样的生意呢？一定是第一个同时知道买价和卖价的人，于是就有一些人和金融机构试图让计算机最快地接受和处理订单，迅速达成这笔交易。整个过程必须非常迅速，否则订单就会被别人抢走。芝加哥的一家高频交易公司，为了提高 0.1 秒左右的交易时间（抢单时间），专门花了一亿多美元改进芝加哥到纽约的光纤专线。即便如此，它也未必能赚到这中间的一分钱，因为高频交易很复杂，做这样交易的人也不少，通常可能会有几个人抢这一分钱。

从理论上讲，这种高频交易是没有风险的。只要你技术好，就能抢到单，就能自动赚钱。为了开发最快的高频交易系统，很多对冲基金都从名校招聪明的学生来做这件事。我前面说的 MIT

态度

和哈佛的毕业生，就是在对冲基金里做这些事情。当然，他们很聪明，很快就能明白高频交易是怎么回事，便决定自己出来做高频交易，于是到我的基金来争取融资。

我对这几个学生的智力没有疑问，对他们能挣到钱也没有疑问，但是没有给他们投资，因为他们所做的事情一来意义不大，二来也赚不到大钱，属于小打小闹。

先说说它的意义。不能说这件事毫无意义，因为它让股票市场变得更加有效，交易量上升了。但是它的意义仅限于此，它既不能创造财富，也不能降低交易成本。今天世界上已经有不少高频交易公司了，再多一家也无法带来更多的好处。凯鹏华盈的主席约翰·杜尔是当今公认的风投之王。他成功地投资了亚马逊和苹果等公司，并且以不断发现这类改变世界的伟大公司而著称。据凯鹏华盈的人说，杜尔判断是否投资的原则和很多人不同，他不是简单地以赚钱为目的，而是看看投资能否对世界产生重大影响。杜尔在考察创业项目时经常这样问创业者："假如我们认可了你的想法，按照你希望的金额给你投资，你能否告诉我两年后世界会因此有什么不同吗？"如果一个创业者说"我会比现有的人，或者现有的公司做得更好"，杜尔是不认可的。做得更好这件事，现有公司自己改进提高就可以做到，并不需要行业里再增加一个重复的竞争者。因此，你的那几个学长要做的事情，即使做成了，

第7封信
决策时格局要大

世界也不会因此而不同。

当然，一些人认为，做高频交易，稳赚不赔，大不了赚了钱捐出去，也是好的。这就要看赚多少钱了，赚钱的效率如何。世界上主要的高频交易公司，比如威图（Virtu）、骑士资本（KCG）等的人均年产值为100万到120万美元。你可能会觉得这已经不低了，因为美国职工的人均年产值为10万美元。但是，谷歌的人均年产值为125万美元，苹果和脸谱网的人均年产值则高达160万美元。要知道，一家大公司做到人均产值很高，本身就比小公司难得多，更何况谷歌、苹果这些公司里还包括很多客服人员、销售人员，真正在一线赚钱的工程师、产品经理、设计师和主管并没有那么多。更重要的是，谷歌、苹果这样的公司产生的正面社会效应远高于高频交易公司。如果没有这种公司，世界文明的进度都会受到影响。

为什么谷歌、苹果和脸谱网这样的公司能够赚更多的钱，而那些看似只赚不赔的高频交易公司做不到呢？这就是我今天要说的格局。简单来说，前者的格局大，后者的格局太小。前者以改变世界为目的，后者以赚小钱、小富即安为目的。世界上格局大的人少，因此那些能改变世界的事情一旦做成，利益就很大，而天天琢磨着赚小钱的人多，因此在高频交易方面，这个点子你想到了，我也能想到，如果油水较多，就会有新的从业人员加入，

-049-

态度

把利润摊薄。但是，像谷歌的搜索、苹果的手机，可不是你想做就能做出来的。因此，格局的大小决定了成就的顶点。

MIT 每年只录取 1200 余名本科生，哈佛一年也不过录取 1600 名左右本科生，加起来占美国人口的十万分之一。这些人是在各方面都非常优秀的年轻人，用你们校长对我和其他一些家长的话说，"你们不知道你们的孩子有多么优秀"。但是，这么优秀的人，本该有大的格局，却去做了小家子气的事情，实在可惜。谷歌到 2017 年底有 8 万人，苹果有 13 万人，加在一起 21 万，比哈佛和 MIT 招的学生多很多，平均的智力和受教育程度显然要比这两所学校的毕业生低很多，但是，因为他们做对了事情，人均产出并不低。很多时候亚裔家长一直在纠结孩子上名校有没有用，坦率来说，如果格局提升不上去，上了也没用，还达不到谷歌员工的平均水平。

当然，MIT 的毕业生总体来说格局还是很高的。你还记得吗？上次你们副校长埃里克·格雷姆松在我们家吃饭时对你说，MIT 还在世的本科校友中，有大约 1/3 是大公司的高管和创始人，也就是说，他们并不是那些满足于赚小钱的人。

人在选择做什么事、不做什么事方面，格局要大。如果开始做一件事，就要尽可能往最好的目标努力，境界要高。所谓境界，你可以理解为目光能看多远。如果我能够看到三年后的事情，你

第 7 封信
决策时格局要大

只能看到一年后的,那么我的境界就比你高。当然,上帝能看到无穷远的事情,境界比我们都高。这件事我下次再和你谈。

祝健康!

你的父亲

2016 年 8 月

第 8 封信
做事时境界要高

梦华：

上次我写到一半不得不去做其他的事，因此今天接上次的话题继续和你聊聊格局和境界。

我那天讲到了一个人格局的大小，是指在空间范围内，能否看到大机会，能否做一件影响范围更大、影响力更大的事。今天，我和你讲讲境界。这个词其实源自佛教，意思是说人能够看得多么高远，看透多少层。佛教认为宇宙有很多层级，有高有低。为了便于你理解这个抽象的概念，我给你讲中国古代的一个故事。

你们在学习历史时，讲过秦始皇统一中国的那段历史。当然，你们的老师不会讲述统一的过程，而在中国，这段历史老师会讲得比较详尽。讲到秦国统一六国，就要先讲统一之前发生的商鞅

态度

变法。

秦国地处中国的西部，有点儿相当于美国的中西部，从那里统一中国显然不容易，因为经济和文化都不发达。实际上，当时秦国还经常被周边国家欺负，不过它当时的国君秦孝公是一个非常有雄才大略的人，他想要奋发图强，于是招揽天下的英才到秦国当官。当时有一个叫作商鞅的人就去了，这个人非常了不起，帮助秦国进行了改革，使得后来秦国统一了中国。过去大家谈论商鞅，都把他作为一个伟大的改革家。近年来，大家对他更多的是反思，因为他那些急功近利的改革措施的副作用很大，秦国在统一之后仅仅15年就被灭了。其实，大家误解了商鞅，因为急功近利的做法并非商鞅的本意，而是当时秦孝公的选择。具体过程在《史记》中是这样描述的。

商鞅对秦孝公一共进行了三次游说（对于游说，你就理解成找工作就可以了，但是他找的是类似内阁首相的工作）。商鞅每一次都是通过秦孝公的宠臣景监引荐面见秦孝公的。

第一次他讲尧、舜、禹、汤的大道。尧、舜、禹、汤这四个人是中国上古时期的四个国君，据说他们统治的时期天下太平，百姓安居乐业，是后来君主和知识分子向往的黄金时代。结果，商鞅那次讲了半天，秦孝公听着听着睡着了。商鞅离开之后，秦孝公向景监发火，说商鞅太自大了。商鞅听到景监的反馈没有气

第 8 封信
做事时境界要高

饿,请求再给他一次机会。于是 5 天后景监给他安排第二次朝见,这一次商鞅讲周文王、周武王的王道。周文王和周武王是周朝的国君,他们的业绩是看得见的、具体的,因此不像上古时代国君的功绩那样被传得神乎其神。秦孝公有点儿兴趣了,说这个人可以一起聊聊天,但是依然没有打算启用商鞅。景监把秦孝公的意思回复给商鞅后,商鞅说:"我已经知道该怎么游说他了。请再给我一次机会!"第三次,商鞅以霸道说秦孝公,和秦孝公聊了五霸之事。所谓五霸,是中国春秋时期五个被公认的主导中国政治的有为之君。你把他们理解成伊丽莎白一世或者路易十六就好了。秦孝公这次听得津津有味,不知不觉中身子不断向前移,差点儿跌倒。这之后,秦孝公又一连几天请教商鞅,并最终决定用商鞅变法。

景监知道后,就问商鞅:"既然你知道大王的心思是富国强兵,称霸诸侯,为什么前两次还要和他谈帝道、王道呢?"商鞅说:"我是怕如果他真是一个境界特别高、有大志向的人,我一开始就说那些低层面的事情,就把他看低了。"后来,秦孝公让商鞅为秦国制定了功利性很强的法律,这些法律作为政治和军事工具,在短期内功效明显,秦国很快统一了中国。商鞅也清楚那些政策的负面后果,商鞅说:"这样一来(急功近利),秦国的国运终究不可能超过之前的商朝和周朝。"最后的结果也不出商鞅所料,秦

态度

国在统一中国后不仅很快就灭亡了,更可悲的是,它的宗室也被造反的人杀光了。如果秦孝公知道他的子孙会有这样的下场,不知道是否会后悔选择走上用霸道治国的道路。

可以说,秦孝公和后来秦国的君主虽然有远大的志向,但是境界不够高,只看到了武力在短期内的好处,却难以理解它长期的危害。在制定统一方针时,商鞅分别用帝道、王道和霸道游说秦孝公。秦孝公对它们的态度截然不同,最后采用了一种速效却危险的策略,最终让秦国走进了死胡同。今天,秦孝公虽然死了,但是世界上大部分人并不比他更有远见,绝大多数人依然只知道追求速效,无视长期利益。

当然,很多人会说:"任何国家在崛起时肯定要率先富国强兵,那时候谈宽仁的帝道和王道不是不切实际吗?"同样,对于年轻人,先要解决短期利益的问题,才能有钱、资源做长远的事情。但是,人一旦习惯获得短期利益,境界就高不起来了,可能永远不会追求更高的境界了。相比秦孝公,世界上还是有比他境界更高的君主,比如法国的拿破仑和美国的国父那一批人。

关于美国国父,你在学历史时对他们有很多了解,我就不多说了。他们都懂得要通过妥协谈判解决新大陆长久生存发展的问题,而不能靠武力解决问题。至于拿破仑,则值得多说两句。拿破仑一生花的精力最多,最引以为傲的是他的《拿破仑法典》,而

第 8 封信
做事时境界要高

不是哪一场战役的胜利。

虽然拿破仑给人的印象是一个杰出的军事家，但是他精通法律，并且知道它的重要性，因此任命起草《拿破仑法典》的委员会，亲自参与法典的制定，在参议院一共召开了 102 次讨论会，亲自担任委员会主席并参加了其中的 97 次会议，且逐条审定了法典。在讨论会议上，他常常引经据典，滔滔不绝地发言，这让那些著名的法学家惊叹不已。法典最后经立法院通过，正式公布实施。虽然拿破仑在军事上的胜利在 1815 年就终结了，但是整个 19 世纪，欧洲依然是在拿破仑的影响下度过的。当拿破仑自己总结一生的成就时，最为自豪的就是这部法典。他在临终前，不无感慨地说："我一生 40 次战争胜利的光荣被滑铁卢一战抹去了，但我有一件功绩是永垂不朽的，这就是我的法典。"拿破仑的成就在于，他在一开始就把目标定在确立一个资本主义的现代国家上，而不只是军功和征服，或者说他追求的是帝道而不是霸道。

对比一下秦孝公和拿破仑，可以看到一点，就是人们很难想用短期方法达到长期目标。我问过很多在大学的年轻人今后的想法，大多数人关心的是学什么专业和技能可以赚大钱，而且最好快速获得成功。一些年轻人甚至想在 30 多岁的时候就获得财富自由，他们的想法都不太现实。但凡能够比较长期稳定赚钱的行业，比如医生，开始的投入都是比较大的，并不存在一个不需要投入

态度

就能获得很高回报的行业，否则这个行业一定竞争激烈，一段时间后行业的回报会急剧下降。多年前，律师在美国是很吃香的职业，学法律比学医容易些，于是很多本科生选择进入法学院，但是等到他们毕业时，这个行业的好位置已经被人抢完了，留给新人的不过是一些打杂的事。类似地，这两年金融数学行业很热门，因为一些人认为只要花上两年学习这个专业，就能进入大的投资银行，得到一份体面的工作。哥伦比亚大学的统计系本来一年招不了几个硕士生，但自从开了金融数学和钱挂上钩后，这几年每年会有几百名硕士生毕业。大量的毕业生涌入金融行业后，在投行里找份差事都难，更不用说赚大钱了。这些人的追求太短视，境界太低，因此很难有大的发展机会。

我在读大学时，经济条件远没有你好，但是并没有为将来的一份工作或一分钱发愁过。我有很多时候想离开大学去挣钱，但是那样的话，我的学术水平就达不到世界一流水平，因此我两次辞职回到大学全心读书，并且在很多次周围的人因为受到各种诱惑半途离开学校之后，还能坚持把学业完成。那些在中途退学的人，都找到了安稳的工作，当时他们的生活水平不知道比我高多少，但是他们大部分人一辈子所能触及的高度基本上在那个时候就被限制住了。今天回过头来看，人追求多高的境界，最后就会得到多好的结果。

第 8 封信
做事时境界要高

在你今后的发展道路上，总会有很多短期诱惑。很多时候，那些诱惑显得如此美妙，你周围的人会渐渐放弃目标，接受它们。这就是考验人的定力的时候。人的境界高一点儿，多关注长远，少盯着眼前，才能走得更远。

祝顺利！

你的父亲

2016 年 8 月

第 9 封信
生活是具体的

> 梦华进入 MIT 后,我就建议她参加交换生计划,哪怕她仅仅在国外的大学待上几个月。如果有可能,我认为苏黎世联邦理工学院最好。梦华对这件事不是很在意,也不觉得有很大必要,因为她的同学来自世界各地。

梦华:

之前我们聊了好几次你是否应该到国外做半年交换生,我一直认为这应该是一个优先级较高的事情,即使它会让你的毕业时间延长几个月。到哪里交换是一个大问题,因为在此之前必须花很长时间学习当地的语言。我曾经不止一次地推荐苏黎世联邦理工学院,它有欧洲的 MIT 之称。当然更深层的原因是你在那里可

态度

以了解一些德语国家，特别是德国和瑞士人做事的方式，他们做事和看待问题和美国人有较大的不同。

你经常会用到德国货和瑞士货，对比美国货，它们的品质要高很多。按说美国人的科技水平不差，但为什么做不到这一点？这确实值得深思。我记得我们很多年前第一次到德国，就有这样一个印象。幸好它现在走上了和平发展的道路，否则它真的有能力再发动一次世界大战，德意志这个民族确实很奇特。

2015年在北京的时候，我们见到了我的一位在德国生活了20多年的老同学张伯伯。我们和他一起吃过晚饭，不知道你对他是否还有印象。那天，我们聊起德国人为什么总的来说能把事情做得比其他国家的人更好一些。张伯伯讲的一些原因，我至今印象非常深刻，显然对德国社会和德国人有非常深入的了解才能说出那样的话。他那次转述了德国人经常挂在嘴边的一句话——生活是具体的。简单的几个字，含义非常深刻。

怎么理解这句话呢？我记得当时张伯伯是这样说的：

> 德国总体来讲各方面在世界上都算是好的，经济发展比较好，社会也还算公平，一些科技领先，政治上比较清廉。但是，这并不是说德国没有问题，它远不完美，世界各国遇到的所有问题，各种丑恶现象，比如刑事犯罪、贪腐、贫富

第9封信
生活是具体的

差距、金融诈骗、犯罪等，德国也有。然而，德国这些问题的程度会轻那么一点点，社会会好那么一点点。这一点点放到一起，就产生了巨大的差别。

我每次回国时，总要和不少人吃饭、应酬。在饭桌上，大家经常就中国的一些腐败现象争论。一些人会说，腐败很严重。但是马上会有几个人站出来说，腐败现象各国都有，然后他们会马上举出几个国家的例子。比如，阿拉伯和北非的政客只要愿意给克林顿基金会捐钱，就能见到当时担任国务卿的希拉里。澳大利亚在希拉里竞选失败前，为了巴结这位可能当总统的人，给了克林顿基金会8000多万美元的政治献金，等等。的确，如果抽象地谈论贪腐，各国都有，互相攻击就扯不清了。如果遇到这种情况，德国人会说，"生活是具体的，不要泛泛地谈这个概念，到底各国贪腐情况怎么样，中国有多严重，美国有多严重，其他国家又有多严重，拿出来比一比就好了。同时，也不要静态谈这件事，10年前中国的情况是什么样，今天是什么样，社会是在进步，还是在退步。如果今天的情况比10年前好很多，即便有贪腐，也说明我们的社会在进步；如果更严重了，那它就是问题"。

这类例子很常见。你经常看到媒体上有这样的争论，到底电动汽车是环保，还是带来了新的环境污染，或者太阳能发电是否

态度

真的降低了二氧化碳的排放量。支持这些新技术的人的观点很明确，但是反对的人也有自己的道理。比如反对电动车的人会说，全世界大部分电能还是靠燃煤产生的，而产生单位能量煤的二氧化碳排放量比汽油可高不少，因此使用电动车不过是将污染从一个地方转移到另一个地方。这两派人在媒体上永远在争吵，以至于政策的制定者永远是为了选票去投票，而非真正致力于改善我们的环境。按照德国人的思维方式，这件事其实并不难解决，不要笼统地说好还是不好，生活是具体的，算一算细账就可以了。中国上海汽车公司的专家有一次和我讲，根据他们的计算，行驶单位里程，电动车的二氧化碳排放比内燃机汽车大约少一半，但是相比油电混合汽车优势并不是很明显。

在一个机构里，很多不必要的争执如果能够秉承"生活是具体的"这个原则来处理，很容易解决甚至不会发生。我在很多单位里经常看到这样的事情：约翰做事情常常不上心，这回又把事情搞砸了，主管批评他，他便会辩解道，上次比尔也犯错了。问题是比尔犯错是偶尔疏忽，约翰犯错则是常事。生活是具体的，虽然人都可能犯错，但是程度上的差异和犯错的次数，却不能笼统而论。类似地，很多家长会这样批评一些考试没有考好的孩子："怎么考得这么烂？"有些善辩的孩子会说："我们班的第一名小红这次还做错了很多题呢！"嘴笨的家长这时常常被孩子堵回去

第9封信
生活是具体的

了，但是又心有不甘，于是就暴怒骂孩子，最后大家吵了一架，问题也没有解决。其实，稍微理性一点儿的做法不妨像德国人那样，秉承生活是具体的原则，看看小红虽然犯了错，但是错了多少，家里的宝贝孩子又错了多少。虽然同样是错，但是数量的不同本身就能说明问题。

德国人不仅对待国家、社会和生活态度如此，也把这条原则贯彻到工作中。在德国没有人空喊提高产品质量这类话，但是他们会对一个产品制定一大堆非常具体的指标，如果每个都达标了，就说明产品总体质量达到了预期。从去年到今年，我去了德国4次，特别是参观了徕卡的生产线，对此深有体会。徕卡在制造镜头的过程中，细到连一根刻度线的宽度，都有具体规范，更不用说他们在磨镜片时花的功夫。当然，这样一来德国制造的东西价格就贵得不得了。在历史上，徕卡在日本合作生产过镜头，以降低成本。它找的是日本很大的一家光学仪器公司美能达公司合作。你知道日本工人的敬业水平在世界上也是一流的，但即便如此，美能达生产出来的第一批镜头的合格率按照徕卡的标准只有20%多。后来经过了很多年时间改进具体问题，才满足了徕卡的要求。再后来，消费者反映日本徕卡的质量还是不如德国，徕卡干脆关闭了日本的生产线。类似地，德国另一家著名光学仪器公司蔡司也在日本生产镜头，今天依然没有达到德国蔡司的要求，因此两

态度

种产品只能用不同的型号加以区分,价格差三倍。你要说它们之间的差距是否很大,其实也未必。我有几个日本产的蔡司镜头,光学性能不错,但是没有德国的结实,在户外使用时间长了,就不像德国货那么严丝合缝了,这点差距就导致了价格巨大的差别。

我们每次出门旅行,到一个陌生的地方,总不免要向当地人打听道路。我们遇到过很多次这样尴尬的情况,一些当地人知道大概的方位,然后瞎指路,反而误导了我们。这种情况在德国很少出现,我几次到德国,因为不懂德语,有时候换乘找不到正确的车站,询问当地的德国人,碰到一些英语不好的人,也解释不清楚,他们通常干脆带我走到车站。后来我问德国同事,是否德国人都如此愿意帮助别人。他说,也不完全是。如果你赶上那个德国人没时间,或者他不知道,他可能直接告诉你帮不了你。如果已经开始帮助你,他就觉得要帮你把问题解决掉,不能因为语言问题而误导你,这时他会觉得不如干脆带你去,帮忙帮到底。

为什么我主张你去德国或者瑞士进行一段时间的工程训练呢?倒不是因为它们的水平比 MIT 高,而是去学学德国人做科研、写论文的态度和方法。他们的论文和他们的产品一样,也是出了名的严谨。我过去在学术界时经常和德国的科学家合作或交换研究成果。我们发现,他们写论文会把一个大实验中每一个细节产生的中间结果都写出来,而大部分国家的科学家只是报告主要结

第 9 封信
生活是具体的

果。我的导师贾里尼克因为父亲在第二次世界大战时死于德国的集中营，对德国人从来没有好感，每次当我们讨论德国人写的论文，看到那些十分具体的数据时，他常常略带调侃地说："哦，他们是德国人嘛！"似乎在嘲讽他们啰唆，但从另一个方面讲，那确实是一群生活在太"具体"中的人。

最后，要告诉你家里的一件事，妹妹近几个月学会了做点心。中国上一代的人做饭讲究经验，但是经验很难传承，饭做得好坏常常靠悟性。你妹妹好吃，好做饭，她买了一大堆量杯、量勺，还有秤和计时器。我们没有教她做饭，她完全是看电视、看视频和看书自己学习的，西餐已经做得不错了，做点心更是堪比高级西餐店的点心师傅。我观察她和我做饭的不同之处在于，她严格遵守步骤，每一点原材料都仔细称量，选调味品时要严格使用特定的品牌，绝不用同类替代品。在烤制时，火候要做到准确。就这样，她居然无师自通地把点心做好了。

如果你有机会去德国人的学校学习一段时间，亲身感受一下他们的做事方法，将受益匪浅。否则的话，记住他们的话，"生活是具体的"，并慢慢体会，也会有收获。

你的父亲
2016 年 4 月

第 10 封信
教育改变命运

> 梦馨问我:"姐姐上了好大学,是不是将来就会有好工作、好生活。"我说:"不是的,她以后还要努力一辈子。"梦馨又问:"既然以后可以努力一辈子,为什么要接受好的教育?不是有很多人退学创业成功了吗?"这封信是对这些问题的解答。

梦馨:

你问我为什么我总说"所上大学的好坏,对人的影响远比想象的要小",但是又说"人需要努力学习,并且接受好的教育"。这不是矛盾的吗?另外,为什么有一些著名的创始人连学业都没完成,这是否意味着学位其实没那么重要。

态度

你的问题很好，问到了接受教育的必要性的问题。如果我们承认接受教育的必要性，那么总是要尽可能接受最好的教育。虽然接受好的教育和上好大学是相关的，但是两者并不能画等号。上好大学是接受好的教育的方法，甚至是捷径，但不是目的。一个人上了好大学并不等于他接受了好的教育。教育的范围很广，并非仅仅是在学校里上课。

关于教育的必要性，我们不妨从三个层面来看一看。

第一，"教育改变命运"这种说法是怎样变成全世界大部分国家的共识的。

你在学校里会有这样一个感受，似乎亚裔家庭比其他族裔的家庭更重视教育。这是当下的一个事实，但是在历史上，欧美国家的人曾经比亚洲国家的人更重视教育。在亚洲，过去教育是为了通过考试当官，而不是为了培养生存技能和个人素养。但是，在欧洲，大家很早就意识到教育对一个人一生的帮助。在16世纪，爱德华六世开始在英国兴办免费教育，任何交不起学费的贫家子弟都可以到"官办"的学校读书。大科学家牛顿就是靠这种免费的公立教育完成了中学学业，进入剑桥大学的。但是这种教育依然不普及，因为很多贫家子弟要先设法工作养活自己，没有时间接受教育。于是，到了伊丽莎白一世的时候，她开始规范学徒制度，由国家出钱帮助贫家子弟学习谋生技能。后来，一些教育家

第10封信
教育改变命运

在英国和美国创办了很多"星期日学校",给贫家子弟普及基础教育。很快人们就发现受没受过教育,将来一辈子的命运常常相差很远。今天,很多人说美国的社会分层,下层人想进入上层很困难,这其实是教育不足造成的。事实上,下层人并不比上层人笨,如果给予他们足够的机会,并且从小养成良好的学习习惯,他们日后的表现和其他人就不会有多大差别。

到了普鲁士崛起时,德国的教育家威廉·冯·洪堡设计了一套行之有效的针对大众的教育体系,主要强调技能教育。几十年后,德意志地区就从欧洲落后的地区变成了强大的德国。美国早期的教育家吉尔曼和艾略特,还要到欧洲取经。亚洲家长在20世纪之后开始重视孩子的教育,因为在历史上,亚洲的教育并不普及,大部分人无法从事体面的职业。当亚洲人发现教育程度和水平对于孩子未来发展的影响很大时,重视教育才成为一种风气。

之前,我们在收音机里听到关于KIPP(知识就是力量计划)的介绍,这是一个帮助底层家庭孩子接受教育的计划,它让来自底层家庭、加入这个计划的孩子一早就到学校读书,做完作业之后很晚才能回家。这实际上把他们和周围不好的环境隔离开了,这些孩子将来上大学的比例和中产阶级家庭的孩子上大学的比例差不多,并且只需要一代人就可以摆脱贫困。

态度

你在学校有一些同学的家长和我们一样来自中国，但和我们略微不一样的是，那些家长来自中国的农村，相对贫穷，而他们的父母更为贫穷，也没有受过什么教育，只是勉强能够读写。但是那些家长的父母非常有见识，知道要让孩子接受良好的教育，于是你同学的爸爸、妈妈才得以从很小的乡村来到美国，并且事业有成。这些人在一代人的时间里，完成了美国很多低收入家庭几代人都没有完成的事情，这多亏了教育。你的那些同学学习都很认真，成绩也很好，他们的哥哥、姐姐大多考上美国最好的大学，因为家长也把教育的重要性传递给了他们。你的那些同学，很多人的家里已经不缺钱了，但是他们依然有主动学习的动力，这说明认识到教育的益处是动力的来源。

今天你如果想在任何一个领域成为专业人士，都需要足够多的训练，仅靠聪明早已经不够。最基础的训练就是学校教育，这些教育，不仅包括学习课程，也包括学会如何与人相处，如何与人合作。今天要做成任何一件大事，都需要合作。这方面的训练，就是从你在学校里与同学一起做课题开始，比如参加办校报，或者帮助老师辅导低年级的同学。

顺便和你说一句，我的一些朋友到肯尼亚考察，他们说那里的孩子很穷，如果家里条件允许，家长依然会送孩子到30多公里以外的地方读中学。可见即使在看似靠力气生存的撒哈拉以南的

第 10 封信
教育改变命运

非洲,教育也是成为专业人士的必经之路。

第二,如果一个人不愁温饱,甚至家里有一辈子都花不完的钱,那么教育对他们是否还有必要?不仅有,而且更重要。

中国有一个词,叫作"土豪",是指那些发了财,但是举止不是很体面的人。举止不体面的主要原因是接受的教育不够多,读的书不够多。这类人我接触了很多,其实他们在获得财富之后很快会分成两类。一类人花时间接受教育,当然是成人教育,于是他们的事业不断发展。另一类人依然停留在很低的教育水平上,有了钱后除了糟蹋,想不出能做什么更有意义的事。当然,他们意识不到自己在糟蹋,否则也不会干那些事。中国的一位著名作家吴晓波调查了早期在股市上发了大财的几十个人,发现除了一两个之外,其他人的结局无一例外都很惨,有的破产了,有的进了监狱,有的被仇人杀了,或者正在被追杀。这些人都有两个共同点:第一,敢于冒险,并且在大家还不敢冒险时通过冒险赚到了钱;第二,受教育水平都不高,绝大部分人仅仅中学毕业,个别的甚至中学都没毕业。因此,他们在有了钱之后,没有更高的理想和追求。

人不接受教育,就很难有见识,而没有见识,做事情就会事倍功半。两年前,中国一个在股市上赚了很多钱的人向我求教,让我解惑。据他说,他在 2000 年左右时,自己手里的钱不

态度

知道比当时的马云多几百倍。2005年，阿里巴巴获得雅虎10亿美元融资的时候，他依然比马云富有，但是今天他可能连马云资产的1%都不到。他自己很努力，但是财富似乎并不会随着努力增加，他一点儿办法也没有。后来，通过和他交谈，我发现他主要的问题是接受的教育太少，对于今天发展得很快的科技一点儿也看不懂，因此只能眼睁睁地看着周围人赶超自己。中国在过去的20多年中，互联网大约以每年20%的速度复合增长，比经济增长快得多。你学过几何级数，知道1.2自己相乘20多次有多大。这个人如果懂得这一点，参与到互联网大潮中，哪怕只获得平均水平的收益，今天不仅积累的财富可观，而且对社会的影响力也比现在不知道大多少。今天，他只能顶住股市的那点儿波动，今天赚了，明天赔了，20多年下来，是在原地踏步，顶多是线性增长。

中国那些财富剧增的家庭，有些非常重视孩子的教育，有些则只知道满足孩子的物质需求。20年后，他们的孩子的水平高下立判。前者的下一代大多是有教养并且努力上进的人，他们的视野甚至超过他们的父辈。后者的下一代则大多是轻狂之辈，除了玩跑车，滥交朋友，做不了什么事情，在社会上被大家当笑话。可以说，教育水平决定了他们的命运。

在美国，情况也是如此，很多富二代不堪大任，好一点儿

第10封信
教育改变命运

的仅仅能维持家族的财富，糟糕的会很快把家里的钱挥霍光。范德比尔特曾经是美国首富，他的后代今天有上百人，没有一个是百万富翁。在美国，百万富翁占到人口的3%左右，并不稀少，可见他的后代混得多差。相比之下，大学教授的后代超越前辈的则很多，因为他们从小接受了良好的教育并且懂得教育的重要性。在历史上，有7个家庭的父母和子女都获得了诺贝尔奖，这个比例非常高。如果再把范围放大一下，看看那些诺贝尔奖获得者的父母，他们很多也是学者，即使他们的子女不能获得诺贝尔奖，很多也是著名学者。相比之下，父母是著名企业家，子女也能成为著名企业家的，并不多见。中国的名臣曾国藩对后代说，依靠财富和官位是很难保证家族兴盛的，唯有教育可以，因此他希望后代不求做大官，而要多读书。

第三，讲讲退学创业。

今天大家拿来作为退学创业成功例子的人主要有5个——盖茨、乔布斯、佩奇、布林，以及扎克伯格。

佩奇和布林在读完本科后进入斯坦福读博士，是在通过了博士入学考试后退学的，因此他们距获得博士学位只有一步之遥，并不是非常典型的退学创业例子。类似地，他们高年级的同学杨致远和菲洛也是如此。虽然这几个人没有获得博士学位，但是接受的教育并不差。

态度

盖茨和扎克伯格情况类似，他们确实有过人之处，没有大学毕业就成为著名的企业家。不过，大家对他们的理解存在两个错误。首先，他们至少都上了哈佛，这一点绝大部分年轻人都做不到，而且他们都有过人的技术专长。其次，他们都是在找到了赚钱方法之后，才退学的，而不是在退学以后开始创业的。盖茨一直想拿下学位，并且在几年时间里一直试图兼顾学习和创业，只是后来因为微软的工作太忙，他不得不放弃读书。扎克伯格的情况也类似，他原本打算在暑假全职工作，开学后还是要回到学校，只是被他的教父肖恩·帕克（脸谱网首任总裁）"劝"到了硅谷，再也无法兼顾学业。因此，盖茨和扎克伯格是在创业成功之后，才退学，而不是像很多人以为的那样把因果关系搞反了。

至于乔布斯，他仅仅是因为不忍花父母的钱才没有读大学。如果他来自一个相对富有的家庭，他或许会读完大学。

为什么要尽可能地上好大学呢？这倒不是因为好大学的课程就一定比二流大学的好，而是因为它们有相对较好的学习环境。年轻人有好奇心和求知欲望，因此很容易受周围同学影响，这种影响有时比我们或者老师对你们的影响更大。从另一个角度看，不能进入一流大学也没有关系，只要自己用心找到一些好同学为伴即可。人受教育的时间很长，机会很多，自己所在的学校并不能决定一个人一生的命运。

第 10 封信
教育改变命运

  所以，我觉得你应该充分理解教育的意义，这对你永远有好处。但是，不要仅仅为了成绩而读书，更不要为了进入一个好学校而读书，而要为了让自己能够真正立足于社会，并且能够成为有用之人而读书。

你的父亲
2017 年 6 月

第 11 封信
好运气背后是三倍的努力

2015 年夏天,我送梦华到 MIT 上大学。在那里她参加新生活动,而我除了在波士顿和剑桥参观游玩,还参加了 MIT 为家长准备的一些活动,参观了 MIT 的一些实验室,包括媒体实验室。回到家后,我们收到她寄来的信。这封信是她的高中校长尼克诺夫博士让每一个毕业生在暑假写的,在到了大学之后再寄给父母。在我从波士顿返回旧金山的路上,她在 MIT 和母亲通了电话,讲了她在那里的生活情况。

梦华:

昨天我在家度过了一个没有你的晚上。是的,到了 10 点钟

态度

我才想起你的房间是空的,你实实在在地离开家出去闯荡了。几个月前,你给我和你的妈妈写了封信,我们读了非常感动。你能知道感恩,这非常好,你说你要按照自己的方式去闯荡,去生活,我们也非常支持你。昨天在 MIT 分开时,我本来想和你说几句话,但是我想还是留到以后需要的时候再说。今天你给你的妈妈打电话,讲述你遇到的困难,包括数学跳级考试遇到的挫折和在抽签进入实验室时的坏运气。你的妈妈说你有点儿挫折感,我想或许现在是时候给你写一封信,谈谈我的想法和建议。

现在,我对你所说的和从前的教育有所不同,因为从现在开始,你已经不再是一个孩子了,你已经进入这个五光十色而又十分复杂的社会。因此,我想以朋友的口气,而不是以父母的口气和你交流,这样你或许更会觉得自己已经长大。

首先,我要和你谈谈运气的问题。我们必须承认运气是实实在在的,否认这一点,我们将一事无成。当然,如果以后有时间,我会仔细和你谈谈杜鲁门的故事,以及运气在他一生中的作用。不过,我今天不想谈这些,我要谈谈如何避免坏运气。

在外人看来,我的运气非常好,但是,如果你读了我的《大学之路》一书中"我的大学之路"那一章,就会发现其实我也经常走背运。我之所以能有今天的成就,在很大程度上是因为我能够从背运中走出来,并且抓住一生中为数不多的好运气。其中的

第 11 封信
好运气背后是三倍的努力

秘诀非常简单,用美国将军范佛里特①的话说,就是 5 倍的投入。范佛里特将军在朝鲜战场上问他的参谋打赢那一场战役需要多少弹药。他的参谋告诉他一个数字,范佛里特说,打出去 5 倍的弹药。最后范佛里特实现了他的战略目的,从此留下了一个军事术语——范佛里特弹药量。范佛里特将军聪明的地方在于,他比其他人更多地估计了困难,留出足够的余地。这样,幸运的天平才偏向了他那一边。同样走运的还有英国的威灵顿公爵,就是在滑铁卢打败拿破仑的那位将军。威灵顿从来不具备拿破仑的感召力,也从来不高估自己军队的士气和在战役中超水平发挥的可能性。他所做的就是在战前把每一个细节考虑周全,并且把可能遇到的坏情况都考虑进去。在遭遇多次失败之后,他终于因为自己准备充分,获得命运的垂青。

因此,孩子,如果你想获得 10 分的成绩,仅仅准备 10 分的努力是远远不够的,你可能要准备 30 分的努力。有时,我们看到某些人有一些运气,似乎偶然得到了他们想要的东西。其实,在这些运气背后,可能是 30 分的努力。我也不是从小就懂这个道理,而是经过了一些失败和挫折才理解的。直到今天,我在做事情前,都是先假设自己将遇到比别人更坏的运气。也正因为如此,我的

---

① 朝鲜战争期间美国第八集团军司令。

态度

准备通常比别人充足，从外界来看，我才有些好运气。

和我相比，你的叔叔的运气就要好不少。不过，我知道那是因为他在背后的努力比我多得多，这些对外人来说是看不见的。他刚从中国到斯坦福大学读书时，只有一年的奖学金。接下来，他就要为生计发愁了。我们当时读书和你现在不一样，完全要靠学校的奖学金。你的叔叔想考取约翰·乔菲（John Cioffi）教授的博士生，并且在他指导下做课题。乔菲教授是当时斯坦福最年轻有为的教授，也是DSL（数字用户线路）之父。可是乔菲教授并不打算招尚未获得博士候选人资格的学生。当然，你的叔叔有两条路可以走：一条是暗地里骂乔菲教授一番，然后说："哼，我不喜欢他的研究课题。"另一条是通过自己的努力改变乔菲教授的看法。你的叔叔选择了第二条。在斯坦福的第三个学期，也就是一年级的最后一个学期，他选了乔菲教授的课，并且取得了第一名，这才让乔菲教授松了口。不过，乔菲教授依然要求你的叔叔先取得博士候选人资格。不幸的是，你的叔叔第一次失败了，好在乔菲教授给了他第二次机会。这一次，他做了三倍的准备，并且在斯坦福电机工程系100多个考试者中获得第一名。这样，他才正式成为乔菲教授的博士生。从他进入斯坦福算起，已经过了两年半。

你在MIT的日子刚刚开始，将来还有的是机会。如果你做事情总是能够关注每一个细节，付出你期望的结果三倍的努力，好

第 11 封信
好运气背后是三倍的努力

运气会到你这一边。

其次,我想和你谈谈你对自己的定位。你可能已经知道,今天进入 MIT 的 93% 的学生在之前的学校都是前 5% 的学生。我过去在清华时,也遇到类似的情况。今后,你们中只能有 5% 的学生能保持在 5% 的行列,有一半的人会排到后一半,这是再自然不过的事。因此,我想让你知道,不论你现在排在哪里,都不要太在意。如果我是你,我不妨把自己定位在这 1000 多名新生中 70% 的位置,也就是说定位在最后的 30%。它可以让你有一个放松的心态,而并非不求上进。如果经过一段时间,你发现自己其实进入前 50%,那么你就可以为自己感到高兴了。只要你每年按照自己的节奏有所进步,就可以了。很多时候,你并不需要关心是否能跳级,或者成为第一名。当你心平气和地完成每一件细小的工作时,你的位置自然而然会上升。

我在清华管理过一个 30 多人的班级,相当于给这些学生当学业指导教师。在这 30 多人中,有两名中国省份的状元,你可以把他们看成加州或者纽约的第一名。另外,还有些奥林匹克理科比赛奖牌的获得者。这么多聪明的人集中在一起,也只能有一个第一名。事实上,有很多学习不错的学生的第一次期中考试成绩并不理想,因为从中学到大学,大部分人需要一个适应过程,再优秀的学生也不例外。不过,这些人后来的表现都证明自己是名

态度

副其实的优秀青年。虽然他们未必能够再次获得第一名，但是大部分都在美国最好的大学，诸如普林斯顿或者加州理工获得了博士学位，并且事业有成。因此，人的成长是自己不断提升自我的过程。

最后，我想和你谈谈如何走自己的路。你说不论结果如何，你都要按照自己的意愿尝试，这非常好，我和你的妈妈也很支持你。不过，你要知道，当你每迈出一步时，你要在享受这种自己决定事情的自由的同时，接受可能因为经验不足导致的坏结果。对任何人来说，失败并不可怕，因为任何尝试都会伴随失败。但是聪明的人不会让同样的失败重复出现，因为他们会不断地从失败中学习，而且也只有从失败中不断学习，人才能变得成熟。

避免不必要的失败的最好的办法，是倾听周围老师和同学的建议，并且不断地从他们身上学习好的经验和做人的美德。英国教育家约翰·纽曼曾经这样描述一种理想的大学教育：

> 先生们，如果让我必须在那种由老师管理，修够学分就能毕业的大学和那种没有教授、考试，让年轻人在一起共同生活、互相学习三四年的大学（比如在过去的几十年里牛津大学就是这么做的）中选择一种，我将毫不犹豫地选择后者。为什么呢？我是这样想的，当许多聪明、求知欲强、富有同

第 11 封信
好运气背后是三倍的努力

情心且目光敏锐的年轻人聚到一起，即使没有人教，他们也能互相学习。他们会互相交流，了解新的思想和看法，看到新鲜事物，并且掌握独到的行为判断力。

我非常认可纽曼的教育理念，我也一直认为，上大学最重要的目的是向周围的人学习，而不仅仅是学习课程。你在 MIT，有非常好的同学和最好的教授。除了知识，他们可以教给你很多东西，希望你能够和他们成为朋友，不断向他们学习。

好了，当你平心静气地读完整封信时，我想你已经知道该如何迎接挑战了。最后，孩子，请你记住，我还是那句老话，人生最重要的是成为一个好人。只要这样，不论你成功与否，我和你的妈妈都会为你自豪。

祝你有个美好的夜晚。

你的父亲
2015 年 9 月 5 日

梦华后来主动找到媒体实验室的一些教授面谈进入该实验室工作的可能性，一个月后，她如愿以偿地进入该实验室。

第 12 封信
更重要的是做个好人

> 高中十一年级和十二年级的上半年是孩子最忙的时候,那段时间的成绩最重要,而且还要参加社会活动,最后要准备十几所大学的申请材料。高中生常常要在那时熬夜,压力很大。为了不让梦华有任何升学压力,我告诉她上什么大学不重要,只要做一个好孩子就好。

梦华和梦馨:

姐姐还有两年就要高中毕业了,其间,最重要的就是申请大学。当然,我们希望姐姐能够进入一所好大学学习,姐姐也在努力地做这件事,这很好。一些亚裔家长和学生把进入名牌大学作

态度

为终极目标，我觉得这有点儿偏了。对孩子来讲，有很多事情远比上一所好大学重要。今天，我先和你们谈谈这件事。虽然梦馨还小，但是我对姐姐说的话，提出的要求，对妹妹也是一样的。

几年前，我们一些谷歌早期的员工坐在一起，思考谷歌为什么能成功，为什么我们有幸在非常好的时候加入谷歌。虽然原因有很多，但是谷歌非常独特的一点就是不作恶。这对于一家以营利为目的的公司来讲，是非常难得的。谷歌讲不作恶，一些人觉得怎么可能。事实上，那些怀疑它的人因为自己内心黑暗，于是不相信世界上存在光明。2007年，当谷歌倡导开放手机联盟时，世界上各大芯片制造商、手机厂商、移动运营商都参与了，这就是它不作恶的好处。

至于我们为什么可以进入谷歌，除了业务水平达到它的要求，很重要的一条是我们认可它的价值观，并且能做到对同事友善，对公司尽责。在历史上，有一些人很早就加入了谷歌，但是因为无法做到友善和合作，最后在公司里待不下去，只好离开，他们因此丧失了获得财富自由的机会。谷歌早期和每个员工分享所有的内部信息，同时要求保守秘密。当公司发展到近千人时，它内部公开的秘密对外一直能保守得很好。这并不是公司强行管制的结果，而是每个员工守信尽责的结果。正是因为这样一群人聚在一起，当时小小的公司才能具备很强的竞争力。相反，很多公司

第12封信
更重要的是做个好人

在只有几十人时，如果有了盈利，很快就会因为内斗而分崩离析，因为它在选人时，只注重能力，不注重品行。

一家公司如此，一个人也是一样，相比能力，品行更重要。这一点，我希望你一辈子记住。能力不行，还可以继续努力，一次不行就两次。品行不端正，路走邪了，一辈子都没有希望。我曾经见过不止一个年轻人，虽然家境不错，很聪明，书读得也不错，但是为人自私，心里只想着自己，最后害人害己。我们在面试新员工时，把品行看得比能力更重要。如果能力欠缺，最不济就是贡献为零。如果面试者的品行有问题，将给团队带来巨大的灾难。在美国，大部分人都乐于助人。如果你将来在任何时候有了困难，总能找到愿意帮助你的人，但是没有人愿意冒着损害自己利益的风险帮助那些品行有问题的人。

一个人的优良品行不是天生的，而是从小开始，通过一件件小事养成的。缺乏好品行的人，很多是因为家长从小疏于管教。这在那些家庭条件较差，或者父母过于繁忙的家庭中表现得很明显。有时，并非父母不重视培养孩子，而是在对孩子的要求上出现偏差，比如有些父母过分看重孩子的成绩，甚至管教过严，却忽视孩子在其他方面的成长，使得孩子产生逆反情绪，最后适得其反。因此，对于你俩，我向来管得很宽松，甚至有些溺爱，你们的奶奶都觉得我对你们过于仁慈。你们知道，如果你们的成绩

态度

不好,我通常不很在意。如果你们的成绩不好却不汇报,我会像完全变了一个人,极为严厉,因为这涉及品行。

对任何人来说,相比成功,维持善心更重要。我非常赞赏这句话——"It's nice to be great, yet it's great to be nice"(成功固然不错,但更重要的是做个好人)。如果一定要在成功和友善之间做出选择,我宁愿你选择友善。很多人以为成功能带来幸福,其实成功不等于幸福,世界上有很多成功人士过得并不幸福。能够一心向善,懂得感恩,即使生活有些艰难,内心也会感到幸福。我们这些谷歌早期的同事讨论过很多次,把孩子教育成什么样才算教育好了。大家比较一致的看法是,自己有教养,对他人友善,对世界有爱心。至于能否成功,如果我们对这个世界有信心,就不必担心好人在这个世界缺乏发展机会。因此,我和你们的妈妈对你们的要求是,不论你们将来上什么学校,如何成功,只要你们是好孩子,我们就很高兴。对于梦华,我想和你说的是,在接下来的两年里,只要你认真准备升学材料,无论最后结果是什么,我们都接受。哪怕你上了迪安萨学院[①](De Anza College),我和你的妈妈也会爱你,因为你是个好孩子。

你可能要问怎么才算好孩子,其实很简单,只要做到下面4

---

① 迪安萨学院是硅谷地区的一所两年制大专。

第 12 封信
更重要的是做个好人

点就可以了:

- 诚实,守信用;
- 勤勉,自律,谦虚;
- 友善,随和,也就是英语里所说的 nice;
- 正直,公正。

只要能做到这 4 点,就是好孩子。

今天和你们讲这些话,希望姐姐在高中最后的两年不要有负担,只要做好孩子,注意关心他人,我就很高兴。希望妹妹从小养成一些好习惯。

你们的父亲

2013 年 8 月

态度

第三章
对待金钱

第 13 封信
面对贫穷，你可以选择沉沦或奋起

这封信是我酝酿了很久之后写的。早在梦馨出生不久，我就在想，如果有一天我不能伴随她长大，我会和她聊几件事，关于对贫穷的认识就是其中的一件。当然，这件事我一直没做，而我也一直看着她健康地长大成人。在她快初中毕业的时候，我觉得她可以理解大人的事情了，便和她进行了一次谈话。这封信是谈话之后写给她的。

梦馨：

爸爸今天和你讲一个你未必喜欢听，也未必觉得和你的生活很贴近的话题，关于贫穷。那天我问你，是否觉得财富到处可见，

态度

以至于不需要花多少努力就能获得。你觉得或许如此,因为你周围的同学从来没有为生活不下去发愁过。这是一件让我很担心的事情。你知道,并非世界上所有的孩子都能像你一样过着丰衣足食的生活。你需要了解这个世界,需要知道有很多人正在等着被帮助,需要知道人必须通过自己的努力过好的生活。

2015年,你姐姐梦华毕业的时候,她的老师在毕业典礼上的演讲,我至今记忆犹新。她让所有的学生往四周看看,正当大家(包括学生和家长)都感到莫名其妙并且开始往四周张望时,这位老师说:"你们必须知道,周围的人和你们不一样,没有那么好的受教育条件。再往远处看,其他国家的人和我们(美国人)也不一样。"继而,她谈到了贫穷这个话题。

贫穷对我来讲并不陌生,我从记事起懂得的第一个概念就是贫穷,这和你完全不同。但是我知道,你无法感受这个概念,从某种意义上讲,你和我不平等。

每次我到杰弗逊纪念堂,或者读《独立宣言》,他的这句话就在我耳边回响——"我们认为这是一个不证自明的真理,所有人生来都是平等的"。是的,这是一个多么美好而崇高的理想。然而,由于国家和家庭的原因,每个孩子生来并不平等。如果说梦华出生时还是我和你们母亲非常短暂的相对艰难的时期,那么你则是含着金钥匙降生的。你们从记事起就不知道贫穷为何物,这是你

第 13 封信
面对贫穷，你可以选择沉沦或奋起

们一生至今最大的欠缺。只有了解贫穷，才能让自己免于贫穷，才会有意愿让更多的人免于贫穷，让美国国父的理想变成现实。

我从记事起，就饱受物质匮乏的痛苦。虽然富兰克林·罗斯福总统讲，所有人都应该有免于匮乏的自由，但是大多数出生在20世纪60年代末的中国人其实没有这个自由。我小时候，因为赶上"文化大革命"，十年动乱，社会状况可想而知。你的爷爷、奶奶不得不去农场劳动，因此我不得不被寄养在我的爷爷、奶奶，也就是你的高祖父母家。他们生活在南京，中国的一座知名城市。我的爷爷、奶奶没有正式工作，全靠我的父母，也就是你们的爷爷、奶奶，以及他们的兄弟姐妹寄钱养活，生活是不富裕的，勉强维持温饱而已。那时，鸡蛋以及任何肉类食品都是奢侈品。这种情况并非他们的个例，中国那个年代几乎家家都是这样穷困。南京是中国的一个省会城市，生活条件在中国还算上等，尚且如此，生活在中国小城镇和农村的人就更加艰难了。

我最早的记忆从1971年夏天开始，那时我4岁多。我和爷爷、奶奶生活在一起，脑子里对父母几乎没有什么印象，因为他们都在农场劳动。很遗憾，世界上几乎找不到描述他们当时生活的文学作品，可以让你了解一下他们当时艰苦的生活。如果你们读一读讲述沙皇俄国时期那些被流放到西伯利亚的苦役的生活的作品，就能了解他们的境况了。因此，他们没有和我在一起并非不爱我

态度

或者对我不负责任,而是不想让我过那种连健康都得不到保障的生活。你生活在美国,对父母和子女分开这种事难以置信,我讲这些是想让你更好地体会在艰难时世很多父母的不得已。今天,中国农村很多外出打工的家庭,依然面临父母和子女分离的困境。我在南京,虽然生活艰苦,但毕竟有基本的生活保障。当然,更是因为我年纪尚小,其实对那段生活并没有太深的印象,也就对贫穷没有太多印象。但是,从1971年冬天开始发生的事,却让我终生难忘。

那时,我的父母,也就是你的爷爷、奶奶,来看我了,家里的人突然多了起来。由于和父母分离长达两年,其间,几乎从未谋面,因此他们对我来说和陌生人一般。对我来讲,父母只是一个词而已,我认识的亲人只有爷爷、奶奶。没过几天,我便接受了父母。父母是来接我回北京的,那是我的出生地和父母工作的城市。作为中国的首都,北京在那个年代被它以外的人描述成天堂,其实,当年的北京充其量只相当于今天中国的一个三线城市。南京的小伙伴们都很羡慕我,因为他们听说我在北京会住在楼房里,我自然也对去北京充满了向往。

一周后,我和父亲坐火车去北京。据我父母讲,当爷爷送我到火车站时,我痛哭不已。这些我已经不记得了,记得的只是登上了开往北京的火车。虽然从南京到北京只有1100多公里的路

第 13 封信
面对贫穷，你可以选择沉沦或奋起

程，但是火车开了整整一天。到了北京，已经是深夜，父亲的同事——他们在农场共患难的朋友——到火车站来接我们。来的人很多，他们把我从一个人的怀里送到另一个人的怀里，以至于我当时已经蒙了，在此之前，我还没有同时接触这么多成年人。我们在北京的家，是一间只有 11 平方米的小房子。我们一家三口就住在那么一个狭小的空间里，没有自己的水房和厕所，更没有淋浴设施。因此，你不要觉得每个孩子都会有一间属于自己的卧室。那个大学的职工宿舍楼每层住着三四十家人。其实，这个条件已经比南京的家好了不少，所以我还是感到非常新鲜和高兴。

不过，我在北京的"好日子"没有持续多长时间，我们全家三口就被送到了四川，一个远离北京 1800 多公里的地方，你把那个省想成是美国的科罗拉多州就好了。那里没有城市，只有在一片乡村空地上建起来的一个小校园，而那个小校园四周除了农田就是荒山。那里没有商店，最近的百货店在离校园三公里远的小镇上，只有 7-11 那么点儿大，里面也买不到什么东西。更重要的是，你的爷爷、奶奶也没有多少钱买东西。当时，他们的收入加在一起是每月 100 多元，按照当时的汇率算，是 70 美元左右，还不够你今天听一场音乐会。这点儿钱需要非常仔细地花一个月，除了我们三口之家的用度，你的爷爷、奶奶每月还要挤一点儿钱给他们的父母。很快，你的叔叔也降生了，家里的钱就更不够花

-099-

态度

了,以至于你的爷爷、奶奶不仅很快用完了过去十多年的全部积蓄,而且到每个月的月底的时候,必须靠借钱度日。我很快也从一个略微挑食的孩子变成见了什么食物都流口水的孩子。你如果看见那个时候的我,可能会觉得我没有教养。因此,你今天如果见到穷孩子表现出的对物质的某些贪婪,不要太责怪他们。

在那个物质极为匮乏的年代,吃饱已经成为一种奢望,更不用说吃好了。我直到十几岁,不知道海鲜为何物,一年吃的糖果和点心加起来不会超过两斤。我和你的叔叔虽然有一些玩具,但是少得可怜,一个不大的盒子就全装下了。我周围的同学比我也好不了多少,钱叔叔的家境比我们家好些,他的爷爷、奶奶在上海,时不时还能给他们寄点儿东西来,但是他们家也没有什么玩具。有一次,他把一枚铜扣子借给我玩儿,我不小心弄丢了,他非常难过,堵到我们家门口让我赔。那枚铜扣子当时不过只值一分钱,不到1/5美分,但是我真的没法赔,因为在物质极为匮乏的年代,一枚小小的铜扣居然没有地方可以买到。你可能觉得我们很可笑,但是我们当时的生活,比校园外的孩子依然不知道要好多少。

我们校园周围都是农村,那里的孩子没有一件像样的衣服,冬天也没有棉衣穿。更可怜的是,他们一年四季都光着脚。如果有一双草鞋,就算他们的奢侈品了。这些孩子很少有机会上学,

第 13 封信
面对贫穷,你可以选择沉沦或奋起

因为他们需要放牛,帮助家里做农活,以便家里能多挣一口饭。由于当地的农民根本吃不饱,更没钱看病,因此三天两头能看见出殡的队伍。

这就是我从记事起的经历,几十年来,我一直无法忘记这些事情。贫穷可以让一些人沉沦,却可以让一些人奋起。我从小学习的动力,便是将来有机会离开那个贫困的地方,更不要沦落到务农的地步。所幸的是,贫穷有贫穷的好处,使得没有什么东西可以让我分心。不像今天的孩子有太多让人分心的东西和分心的事情。由于可以集中心思读书,才让我一辈子在学业上非常顺利。长大后,为了保证自己不再回到那种贫困的生活,即使我后来生活富裕了,依然不敢松懈,也不会像赌徒那样投机。

当时,有这种想法的并非只有我,我周围的伙伴都是如此,我小时候就生活在这样一个氛围中。很多时候,改变自己命运的原动力和来自同伴的压力能激发一个人的本能,这比任何外在条件和辅导更管用。靠着这样的动力,我从极度贫困走到今天,算是小有成就,而且还在往上走。我周围聚集着一群像我这样的人,他们的起点都和我差不多。虽然每个人走的道路有差别,进步的速度有快有慢,但是大家都有通过自己的努力改变自己经济状况的原动力。

在中国,靠自己改变经济地位是一件值得荣耀的事情,吃福

态度

利既不可能，也为大家所不齿。四川农村那些和我同龄的孩子，虽然没有上过学，但是，依然有人通过自己的努力改变了命运。四川号称天府之国，在中文里的意思是像天堂一样的地方。因此，当中国开始鼓励勤劳致富后，那里的很多人靠自己的双手改变了自己的命运。当然，也正如亚当·斯密所说的，他们在改善自己生活的同时，也改变了那个穷困的地方。

贫穷是一把双刃剑，既会给人动力，也会让人沉沦。关于第二点，等你大一点儿，我再和你讲。今天，你只要记住，世界上有穷人，他们的世界和我们的完全不一样，我们要关心他们。我自己也曾经非常贫穷，但贫穷不是错误，我们不能因为他们穷就觉得那是因为他们不努力。事实上，穷人常常更有动力改变自己的经济地位。我们的关心和帮助可以使更多的人富裕起来，当这个世界上有越来越多的人富裕起来后，它也就变得更安全了。

你的父亲

2017 年 9 月

第 14 封信
承认自己"贫穷",才能真正"富有"

梦馨:

半年前,我和你讲过关于贫穷的一些事情。因为我小时候非常穷,所以希望你明白世界上有很多和你不一样的人,也希望你将来能够帮助穷人。现在,你又长大了一点儿,学习了世界历史,对世界有了更多的了解,因此我想就贫穷这个话题与你做更深入的交流。

贫穷是一把双刃剑:它一方面可以让人奋发向上;另一方面又让人颓废不能自拔,以至于大家说小时候穷,一辈子穷。那么是什么让它成为激励人的力量,又是什么让它成为一种终身的诅咒呢?

人的天性是不安于现状,穷则思变,变则通达,因此贫穷可

态度

以成为一种动力。上次我和你讲我那一代人就是为了改变自身经济状况而奋发努力的。

但是，今天你在美国看到的通常是另一番景象：生活在社会底层的人几乎无法走出原属的社会阶层，一代人的贫穷导致了下一代人的贫穷。这又是为什么呢？有人说这是由环境造成的。这没有问题，但是为什么环境因素的作用如此之大？为什么穷人不愿意摆脱原来的环境束缚？针对这个问题，很多社会学家做了大量的统计，找出的原因五花八门，没有一个让我信服。其实，对于这个问题，我有自己的想法。

一个人要摆脱贫穷，需要在主流社会环境中生活和发展，但是穷人在那样的社会环境中常常会遭受别人的白眼甚至被欺负。久而久之，他们渐渐丧失了对生活的信心，很多人又回到自己习惯的穷苦环境。我经常讲人要走出自己的舒适区，就是这个道理。这件事说起来容易，对于大部分人来讲其实很难办到，因为人有很多弱点，比如调整自尊心，自己的物质越缺少，心理就越脆弱。在中国有一个词叫作"玻璃心"，就是讲一些人的心理特别脆弱，稍微一被批评就伤了自尊心。什么人会有"玻璃心"呢？一个生于富有家庭的孩子是不怕别人说他穷的，一个成绩非常好的孩子是不怕别人说他笨的。相反，一个贫家子弟反而怕别人说他穷，看不起他。为了买一部 iPhone 手机卖肾的人，一定是贫家子弟，

第 14 封信
承认自己"贫穷",才能真正"富有"

怕别人说他穷。类似地,越是学得不好的孩子,越怕别人说他笨。这是人类普遍具有的特点。于是,很多穷人最后还是选择与穷人为伍,成绩差的孩子还是选择扎堆一起玩儿。久而久之,那些人就无法摆脱原属阶层了。对于穷人和弱者,有时候你越保护,越照顾,反而会给他们贴上弱势的标签,把他们禁锢在原来的社会地位上。

其实,有很多不怕被人嘲笑的穷人。虽然他们也曾经被人瞧不起,但是总有一种要通过努力改变命运的欲望。虽然他们经常遭受别人的白眼,但是没有失去奋发向上的动力。中国旧上海有一个小混混,叫作杜月笙,靠给人修脚、卖水果为生。不知道遭受了别人多少白眼,但是他仍然一门心思要挤进上层社会,最后还真的做到了。这种例子其实并不少见,而他们要做到这一点,首先要打碎自己的"玻璃心"。

通常,如果人有信仰,就比较容易做到这一点,因为有信仰的人通常比较宽宏大量,对自己和他人都是如此。这可以解释为什么很多犹太人在出生时极为贫困,被人歧视,最后却能通过自己努力取得成功。古代犹太王国的国王所罗门认为,贫困的状态使人奋发上进,只要不失去信仰,就能有旺盛的生命力,把贫穷变成一种力量。因此,很多犹太人认为,人年轻时不妨贫穷一点儿,以便养成一辈子努力的习惯。他们也不会看不起贫穷的人。

态度

所罗门说，智慧是不分贫富的，贫穷是神对人的考验，是人生必经的一个过程。

你并不贫穷，但是如果有些事情做不好，那么你所处的地位可能和贫穷差不多。在这种情况下，人的心理能否接受自己不如别人，在可能会被别人嘲笑的情况下，是否还能努力往前走，直到改变自己的状态，就是一个考验了，这和走出贫困差不多。你曾经有一段时间弹钢琴陷入了困境，以至于你都不好意思再去钢琴老师家上课，但最终你还是硬着头皮去了。虽然你能感受到老师不是很满意，但还是坚持了下来，找到了通过努力改变自身状态的动力，最终在一次比赛中获得了好名次，有幸到纽约的林肯中心进行演出。你在一些课程上，也遇到过类似的困境，以至于你的妈妈考虑是否让你上一些容易的课程，以便成绩单能漂亮点儿。但是这么一来，就如同贫民窟的孩子终止了自己融入主流社会的努力，再次回到社会底层。最终你坚持了下来，其实，你学的那些内容难一点儿或容易一点儿，对你将来的发展，包括学习其他课程没有太大影响。我当然知道选一门容易的课程，成绩单能漂亮些，但是如果你因此养成了躲在舒适区，不愿意走出来的习惯，成绩单上那好一点儿的成绩反而会害了你。

你一辈子会在很多时候感受到自己的"贫穷"，这时你是否还愿意融入一个更"富有"、更高层次的环境，就决定了你是否能够

第14封信
承认自己"贫穷",才能真正"富有"

不断进步。很多人的进步到 30 多岁就停止了,只有很少的人一直能够坚持到老年。永远要承认自己的贫穷,不用担心别人的白眼,只有这样才能真正富有起来。做任何事情,谁都不是天生就能做好,做不好事情被人嘲笑是难免的。不能指望别人永远给你留情面,只有自己把事情做好,才是为自己保留情面唯一可行的方法。

希望你把各种挫折和匮乏作为自己的动力。

你的父亲

2018 年 1 月

第15封信
不乱花钱，也不乱省钱

> 梦华一个人在外读书，我担心她过于节省，写了两封信给她，希望她不要为了省钱而耽误了想做的事。我的核心想法是人需要从大处着眼。

梦华：

上次你告诉我们妹妹问你的一个问题，把我们逗乐了。妹妹问你："姐姐，你现在有信用卡了，为什么不经常去饭馆吃饭？"在她看来，一个人离家在外，花钱似乎不再受限制了，实在是想怎么花就怎么花。其实，我们不应笑话她，因为她的想法并非随意花钱，而是代表了绝大多数出门上学的年轻人的想法。今天

态度

大部分大学生花父母的钱都不心疼。当然，你是另一个极端，我们给你花钱的自由，你反而怕花多了，因此你进入大学后一直省吃俭用。我看了看你的信用卡账单，实在极为节省，对此我应该表扬你。但我不希望你过于节省，以至于不能让钱发挥它应有的作用。

我从进入大学开始，就没有太拮据过，等我工作挣钱之后，也从来不吝惜花钱。当然，我也从不乱花钱。如果能够通过花钱更好地解决问题，我的那些钱向来是很大方地就花出去了。实际上，绝大部分时候，我花出去的钱，最终会数倍地返回来。因此，希望你能够不为钱所惑，能从大处着眼，能比我更有见识。

十多年前，我在参加IBM（国际商业机器公司）的面试时，对方问了我这样一个问题："如果给你一大笔钱，你会用它来做什么？"今天我用这个问题来问你："如果给你100万美元，你会做什么？给你1000万美元，你又会做什么？"你不用急着回答我，先想几天，等你有空了，我们再来讨论这件事。

祝学习顺利！

你的父亲
2015年12月

第 16 封信
运用财富时要从大处着眼

梦华：

　　上次我问你，如果你有了 100 万美元和 1000 万美元，分别会做什么。你告诉我，如果有了 100 万美元，你就去旅行，到中国把每个角落拍下来，展示给世人。我说："《国家地理》不是已经做了这件事吗？"你说那些照片不够全面，放在一起不能形成对中国这样一个非常大，而且各个方面非常多元化的国家的全面描述。至于 1000 万美元，你想在中国建一大批乡村学校，因为你的一些同学利用暑假到中国的乡村支教。这个想法也很好，但是中国已经有人这么做了，而且中国政府也一直致力于解决农村孩子的上学问题。当然，我知道 100 万美元对你来说已经是天文数字了，因此你很难想象出 1000 万美元的用途。等你真有了 100 万美

态度

元,或许你会更好地利用1000万美元。

总的来说,我对你的回答是满意的。你在假设自己有了钱后没有打算乱花,也没有打算仅仅把它们存入银行或者投资股市,更没有想从此不工作了,而是想到了用它们来做一些有意义的事。巴菲特说,钱是为了让你做想做的事,而不是为了让你无所事事。

一个人有了财富,能否善用财富决定了一个人的格局,格局又决定了一个人能走多远。有了钱之后,自然有条件做自己想做的事。如果那些事恰好对世界有正面影响,就非常有意义了。在牛顿的时代,哈雷、波义耳都是这样的人,后来的拉瓦锡也是如此,他们对科学有极大的兴趣,然后把自己的财富用于科学探索。当然,今天各国政府会资助科学研究,科学家不再需要自掏腰包了。这样一来,很多学者做科研的动机反而不那么纯粹了。

你说如果自己有钱了会走遍中国,其实历史上这样的人不少,但是真正对文明有所贡献的并不多。为什么同样走一遍会有如此大的差别呢?中国在明代末期有一个叫作徐霞客的人,他喜欢旅游,家里也有足够的钱让他能够长期在外旅游。于是,他花了一辈子的时间游历了当时明朝大约一半的省份。和那些单纯游玩的文人墨客不同的是,他记录了所到之处的各种地理、人文和动植物情况,特别研究了石灰岩地貌(喀斯特地貌,你去过的桂林就是这种地貌)。他将所见所闻写成游记,成为当时中国最完整的地

第 16 封信
运用财富时要从大处着眼

理、地质、水文、气候、商业、经济和文化史料。他的游记大部分毁于随后而来的战乱，但是仍有一部分得以保留至今。今天看来，这些游记依然有参考价值。

有了钱，很多人做的无非是重复他人做过的事，那些事不能说没有意义，但更有意义的显然是做一些前人没有做过的事。完成这些事除了要有钱，还要有脑子，有持久力。我认为，在历史上，相比徐霞客，对了解中国地理和经济文化更有贡献的旅行者是一位德国人，他叫李希霍芬。

你在高中学习世界地理时可能学到中国的北方有一座山——李希霍芬山，当然在中国它叫祁连山。西方之所以用他的名字命名这座山，因为是他把那里的地理环境介绍到欧洲的。在到中国之前，李希霍芬考察了我们所在的加利福尼亚，掀起了当时这里的淘金热。当然，李希霍芬最大的贡献还是对中国的考察，他一共到过中国 7 次，我们今天说的"丝绸之路"，就是他提出来的。

李希霍芬在中国的考察为后世留下了很多遗产，比如我们今天把烧制瓷器所用的瓷土称为高岭土，就是因为他到了中国的景德镇，研究了烧制瓷器的过程，把当地高岭山上的瓷土称为高岭土，这个名字沿用至今。在中国的山东，他考察了胶州湾，发现一处位置特别重要的地方，不仅能建设天然良港，而且气候宜人，

态度

战略位置也特别重要,于是他替德国政府在那里选定了租界所在地,这就是今天中国的青岛,而著名的青岛啤酒也是那个时代从德国引进的。李希霍芬到过四川,考察了有两千多年历史的水利工程都江堰,并第一次详尽地将它介绍给全世界,盛赞这个使用时间最长的水利工程无与伦比。此外,他还找到了中国古丝绸之路上消失的大湖罗布泊的位置。

作为一个学者,李希霍芬分析了中国的很多地质现象和商业文化特点。比如他提出了中国黄土高原的成因、中国北方贫困的原因,并且初步探明了中国产煤大省山西煤炭的储量。在李希霍芬之前,西方人对中国的很多了解还停留在《马可·波罗游记》中那些不准确的描述上,李希霍芬在一定程度上让西方人对中国有了比较客观的了解。在李希霍芬之后,他的学生瑞典探险家斯文·赫定发现了中国历史上的楼兰古国遗址,并因此成名。1933年,斯文·赫定在纪念李希霍芬诞辰100周年时,发表了一篇纪念文章,他用"热爱中国并且是关于中国地质知识的奠基人、永垂不朽的学者"概括了李希霍芬这位旅行者的贡献。

当人实现了财富自由,应该利用财富做一点儿其他人没有做或者做不到的事。在硅谷,很多人有钱之后想办公司。由于办公司本身有商业目的,通常在一个垂直领域总有一些公司能赚钱,因此这些事总有人做。无论是谷歌、苹果,还是特斯拉,如果它

第 16 封信
运用财富时要从大处着眼

们不做那些事,依然有人做,只是公司名称不同,做事方式不同而已。当然,谷歌和特斯拉善用财富,为人类做了很多事。有一些事,虽然有意义,但是在短期内难以看到收益,如果某个人不做,在很长的时间里也不会有人做。

谷歌最早的工程副总裁韦恩·罗辛(Wayne Rosing)一直对天文望远镜感兴趣,因此他在谷歌上市、自己有钱了之后,制造了很多最先进的望远镜,建立了一个全球联网的天文台(Las Cumbres Observatory)。这个天文台在两个重大发现中起到了关键作用:证实引力波,发现可持续爆发的超新星。我一直觉得,把财富用于这些领域颇有意义。

今天和你闲谈,目的只有一个,就是在运用财富这件事上希望你能从大处着眼。

你的父亲
2015 年 12 月

第 17 封信
懂得钱的用途，还要有赚钱的本领

> 梦馨过去通过做家务挣零花钱，我对此从来不反对。最近，她因为有了亲戚们给的压岁钱，失去了做家务的动力，却要用压岁钱去买奶茶，我并不赞同。

梦馨：

我一向很少批评你，也不曾限制你做自己喜欢的事，因为我不想按照自己的模式塑造你，因此给予你很多自由。但是最近的一些事情让我有点儿担心，我觉得有必要和你谈一谈财富的问题。

首先谈谈你对所谓"小钱"的态度。中国有句话，女孩子要

态度

富养。实际上，你确确实实是被富养的，以至于你对于钱没有什么概念。我之所以没有让你严格地过节俭的生活，是因为不想让你将来为了一点点"小钱"太花心思，或者太吝啬，希望你能够有一些崇高的理想，但是这绝不意味着你应该对"小钱"不屑一顾。过去你会为我洗车挣 5 美元零花钱，然后才去喝奶茶。你有时会为了买一副耳机而主动问我是否有清扫院子的工作，以便可以多挣点儿钱。这非常好！但是，最近你收到了太多的压岁钱，这原本是件好事，让你将来读书时不至于手头太拮据。但你因此对挣那些"小钱"失去了兴趣，以为一切都是自己理所应得的，这让我有点儿担心。J.P. 摩根说："任意让'小钱'从身边溜走的人，一定留不住'大钱'。"你如果将来想赚"大钱"，就需要现在从"小钱"赚起。事实上，这个世界上并没有什么理所应当的东西，一切都需要通过劳动来换。奶奶和姥姥给你的钱，是她们的劳动所得。如果你将来想有更多的钱，以便过更好的生活，就需要付出更多。

接下来，我就和你说说钱的用途。

金钱有两个用途。一是用来作为媒介，让它发挥更大的作用，比如通过投资赚更多的钱，或者用它支持一项事业来改变我们的世界。无论哪一种，这种花销都是有意义的。二是用于享受生活，这方面的一些花销是必要的，但是不能无节制，不能无

第17封信
懂得钱的用途，还要有赚钱的本领

度。这个度，最关键的是量入为出。你如果想得到什么，就需要先挣钱，再花钱，这个次序不能颠倒。这不仅仅是为了让你免于将来负债，而且会给你一生努力做事的动力——要想获得，先要给予。

曾几何时，这个国家（美国）崇尚一种通过自己的努力摆脱贫困，走向成功，再回馈社会的精神。在美国国父的那代人中，很多人都是如此，比如我经常提到的本杰明·富兰克林，以及詹姆斯·威尔逊等人。后来的金融界巨子J.P.摩根也是如此，他从一个三餐不继的家庭走出来，经过努力，变成美国历史上最有名的投资人和富豪。但是，在过去几十年里，这种美德正在这个大陆渐渐消失，取代它的是一种非常可怕的、透支未来的花钱哲学。很多经济学家甚至为这种寅吃卯粮的行为寻找所谓的理论依据，而很多国家，包括中国和美国，都有不负责任的第三方贷款机构为那些没钱还想要享受的人提供贷款，当然都是高利贷。接受这种贷款的人，通常是还不上的，于是只能借新债还旧债，直到破产，从此一生陷入困境。如果一个富有之家的继承人为了更多的钱这样抵押借款，常常是用不了多长时间就能把万贯家财耗费得一干二净。因此，先挣钱，再花钱，这个顺序不能颠倒。

J.P.摩根说："得到一个真正的朋友不容易，而想要失去一个

态度

朋友却非常简单，最有效的方式是借钱给他。"他为什么这么说呢？因为一个人一旦有了借钱花的习惯，就渐渐丧失了自己努力挣钱的动力。这如同一个人如果靠药物刺激获得快感，很快就会上瘾，任何原本能让他获得快感的事情都无法让他提起精神。习惯借钱的人，最终的结果是在某个时刻还不上钱，抑或不打算还了，友谊也就从此中断。

美国从几十年前开始出现一个很糟糕的趋势，就是堂而皇之地鼓吹借钱花，透支未来。事实上，这么做的人最终破产了事，而鼓吹这种理论并且做这些人生意的人，自己却很少这么做。这就如同大毒枭自己不吸毒一样。中国有句古话，物以类聚，人以群分。意思是说，你是什么样的人，周围就会有什么样的朋友。一个透支未来的人，会让好朋友离自己而去，因为他们害怕你透支到他们头上。一个花钱如流水的人并不会结交更多挚友。即使你把钱花到他们身上，也只会招来一些臭味相投的酒肉朋友。

其次，人要有钱，但不能守财。这一点你做得很好。你但凡有一点儿好东西，都愿意和小朋友分享。学校有时发放吃的，你也会想着我和你的妈妈，给我们带一点儿。你从我们这里得到一些东西，也能想到老人。你很慷慨，因此我不担心你将来会小气。当然，靠慈善和施舍能帮助的人毕竟有限。如果你将来有钱了，

第 17 封信
懂得钱的用途，还要有赚钱的本领

我希望你把它用到正道上，让它对社会产生正向效果。为此，你需要具备利用钱做有意义的事的能力。一个科学家有了钱，可能会发明一种治疗癌症的新药。一个工程师有了钱，可能为我们的城市改善一下市容和交通状况。这些的前提是，需要有善于用钱的本事。很多政客天天在说理想，他们或许想改变什么，为大家做点儿事情，但是把钱都糟蹋光了，有时把事情搞得更糟。因此，善于用钱做好事，不仅需要一个意愿，还需要一种能力。培养这种能力就应该从你现在好好学习，在学校里参加各种有意义的活动开始。

几年前，少林寺方丈释永信大师受邀到苹果公司做客。库克向这位大师请教："我现在每天冥想 15 分钟，想提高自己的境界，让自己成为向善的人，但是修行一直难以提高，颇为困惑，请大师解惑。"释永信说："苹果做了很多产品，都非常好用，这就是行善。你把产品做得更好，就是向善的行为。"释永信大师讲得很有道理，空谈向善是没有意义的，要有能力把它变成一种现实。试想一下，如果苹果的产品越做越烂，库克精神层面的自我修行却在提高，这对世界没有帮助，只有损害，这种所谓的"善行"只能算伪善。

总结一下我今天想说的，对你来讲，要牢记先挣钱，再花钱的原则，而挣钱不妨从"小钱"开始。有了钱又能善于用钱，这

态度

需要能力,仅仅有善心是不够的。

希望前几天没有让你买奶茶不至于让你不愉快。

你的父亲

2017 年 8 月

> 梦馨想通了不能买奶茶的原因,并且开始通过做家务事攒钱买新的 iPad。

第 18 封信
第一次投资的建议

> 梦华连续两年在暑假到公司里实习,挣了一些钱。这些钱,她没有乱花,存在了银行。她的不少同学也利用暑假打工挣了些钱,于是同学们开始商量如何用这些钱投资。

梦华:

你在电话里说想把暑假实习打工挣的钱拿去投资,这种想法非常好,我很支持。从长远来讲,因为通货膨胀,存款是要贬值的,但投资股市可以赚钱,因为可以收获经济增长的红利。

你问我在哪里开账号、如何投资,我简单地给你一些建议,供你参考。

态度

首先，在哪家银行（或者中间商）开账号其实不太重要，你可以遵循以下三个原则。

第一，选择一个对你来讲比较方便的银行，既能很方便地在网上操作，又在当地有一个分支机构，以便于万一遇到电话和上网解决不了的问题，能够去现场解决。

第二，买卖股票的交易费用要低。不要小看这点儿交易费用，它会严重影响你的投资结果。通常，像你这样的学生，每次买卖的股票不会太多，比如一次一万美元左右。如果交易费高达几十美元，每年交易一两次，这就可能吃掉你的利润的 1/10。我通常推荐给大家的证券商是富达基金，它每次买卖股票只收取 5 美元的费用。

第三，服务要好。我指的是要有人接电话，如果客服电话根本打不通，那么这种银行不能选，哪怕成本再低。这是因为：当你要和客服打交道解决一些上网不能解决的问题时，可以省点儿时间；万一遇到经济危机，股市暴跌，你能打电话下指令卖出股票。在遇到类似 2001 年互联网泡沫破裂，或者 2008 年金融危机的情况时，所有人都在出逃，那时上网交易常常无法完成，网站甚至会瘫痪。这时，能通过打电话把钱拿出来是很重要的。2008 年底，大部分银行和券商的网站都瘫痪了，但是高盛提供了电话服务，因此我打电话给他们完成了交易。

其次，我谈谈如何投资。对所有人来讲，我给的基本建议有

第 18 封信
第一次投资的建议

以下 4 条。

第一，永远不要觉得自己能够打败市场。也就是说，不要觉得自己的表现会比指数基金更好。世界上永远不缺聪明人，那些基金的管理者都是绝顶聪明的人，无一例外地相信自己管理的基金的回报率能比市场指数高，但事实恰恰相反。每年 70% 的基金的表现都不如标准普尔 500 指数，而在 5~10 年的时间里，80% 的基金的表现要比市场差。也正因为如此，巴菲特在他的遗嘱中写明，他的遗产（捐赠之外），绝大多数要购买标准普尔 500 指数，可见他对这个指数的推崇。

至于为什么专业的投资人反而赢不过市场，你可以自己分析。我给你的一个提示是，任何试图打败市场的人，不是在挑战市场上的其他玩家，而是在挑战市场的有效性，也就是挑战微观经济学的基本原则。

因此，对于 99% 的个人投资者来讲，最好的投资就是大量购买标准普尔 500 指数，巴菲特也认可这个原则。

第二，对市场要有信心。股市会涨会跌，有时还会跌一大半，但是从有记载的历史来看，它依然是最好的投资方式。因此，当你决定投资股市时，我非常赞同。如果你能够用这种方法在华盛顿就职美国总统时在美国股市上投资 100 美元，那么今天它已经变成 20 亿美元（是真实的结果，不是估算）。虽然巴菲特今天被

态度

尊为股神，但是客观地讲，他最成功之处在于他永远相信股市在较长的时间里是往上走的。

第三，虽然股市在下跌后总会涨回来，但是单一股票未必。

历史上，道琼斯工业指数和标准普尔500指数的回报差不多，虽然经历了跌宕起伏，但趋势是向上走的。道琼斯工业指数在暴跌之后最终能恢复，但是它的成分股公司的运气就没有那么好了。今天道琼斯工业指数的30只工业股票中，只有通用电气一家是当初12只成分股之一[①]。其余11只都已经消失，因为相应的公司都已经倒闭，或者被收购了。如果人们投资那些股票，将血本无归。原因很简单，世界只有不死的商业，没有不死的公司。在2000年股价到达顶点的英特尔和思科，今天的股价不足当年的1/4，而且可能永远没有机会回到当时的峰值了。也就是说，投资单一的股票，即使遇到明星公司，也未必能长期赚钱。

第四，时间是你的朋友，而时机不是。这是《漫步华尔街》的作者、著名经济学家马尔基尔讲的。我经常和你说，耐心是成功的第一条要素，耐心在股市投资上也很重要。在过去45年，美国股市的回报大约是7%（略低于8%的整体历史平均值），到今天，大约会增长20多倍。但是，如果你错过了股市增长最快的25天，

[①] 写信的时候，通用电气依然是道琼斯指数的成分股，今天它已经不在道琼斯指数中了。

第 18 封信
第一次投资的建议

那么你的投资回报会少一半,每年只有 3.5%。这样 45 年下来,你的回报不到 4 倍,也就是说,财富积累会少 80% 多。至于那 25 天什么时候来,没有人知道。聪明的投资人永远在股市上投资,而不是试图投机挑选最低点和最高点。因此,走出坏运气的关键是耐心,让时间成为我们的朋友。

基于上述 4 点,最好的办法就是定投指数基金 ETF(交易型开放式指数基金)。ETF 的买卖和普通股票一样,非常容易。至于定投,也就是说,每隔一段时间,你就用固定数量的美元买 ETF,不论股市涨跌。如果股市上涨,同样的钱买的股票数量少。如果股市下跌,同样的钱买的股票数量则多。这样一来,平均的购买成本就比较低。当然,一个人能做到这一条的前提是,要相信股市。大部分人在股价上涨时会觉得股票太贵,试图等待回调的时机,但是估价可能永远达不到心理预期。当股价下跌时,很多人因为恐惧不敢购买股票。因此,最好的办法就是把自己当傻子,做到股市涨也买,跌也买。

对于你的具体情况,我建议你拿出 1/3 的钱直接购买标准普尔 500 指数 ETF。过两三个月,再投入 1/3 的资金。三个月后至半年内,再买入最后的 1/3。等你工作以后有了钱,可以每个月或者每个季度,将攒起来的钱的 70% 购买标准普尔指数 ETF。如果你每年能有 7% 的回报,那么 10 年左右的时间,你的资产就可以翻一番。

态度

最后,我想和你说的是,一旦买了股票,就不要天天盯着价格,这样会患得患失。股市每年会涨 10%,或者跌 5%,这些涨跌不会平摊到每一天,每天的波动相对而言要大得多,涨跌 2%~3% 是非常正常的。很多人看到股市上涨,就把自己当股神,看到股市下跌,就茶饭不思,这样的人不适合做投资。事实上,天天操作股票的人,都是在向股市送钱。只有耐得住性子的人,才能赚钱。对于你这样的年轻人,有的是时间等待股市上涨,因此买完股票,就别问涨跌了。

这就是我能给你的建议,希望对你有参考价值。

你的父亲

2018 年 2 月 6 日

梦华后来在富达基金开设了账户,并且购买了标准普尔 500 指数 ETF。

第 19 封信
一生永远不要碰的三条红线

> 梦华在第一次买入股票,正式成为股民之后,发邮件询问投资的注意事项。

梦华:

昨天你在电话里说,已经在富达基金开设了交易股票的账户,并且用 1/3 的现金买入了标准普尔 500 指数 ETF。这样非常好,凡事说干就干是一个好习惯。

由于你已经开始投资了,虽然投入的钱还不算多,但是为了让你养成一个良好的投资习惯,并且在一生中不断地从股市赚钱,我觉得有必要把自己近 20 年来的投资体会告诉你。

态度

我非常幸运,到目前为止我的投资几乎没有遭受重大损失,很多比我在行的专业人士都遭受过重大损失。因为我在一开始有两个非常好的引路人——我的同事Z伯伯和S伯伯,他们来过家里很多次,你并不陌生。他们是两位非常谨慎且理性的投资人,毫不吝啬地将自己的经验传授给我,让我受益匪浅。Z伯伯在吃过一些亏后,痛定思痛,阅读了巴菲特几十年来给股东的信,然后总结巴菲特的经验,并且成功地应用了十多年。后来他把自己的经验和教训毫不吝啬地告诉给我,让我能够在股市上逃过很多灾难。因此,很多时候,你周围有什么样的人,决定了你的运气。在投资方面,千万不要听普通人的建议,因为大众在股市上是亏钱的。

关于巴菲特的那些信,虽然网上都有,其他人基于那些信也写了很多书,但是我估计你没有时间阅读。即便阅读,也没有面对面地告诉你会让你印象深刻,因此我再向你说一遍。

你知道,在我的朋友中,有两位是出资和巴菲特吃了那个著名的午餐的。为了保证巴菲特所传达的信息的准确性,而没有被媒体人添油加醋,我专门向他们请教了在巴菲特午餐会上和巴菲特聊天的细节。在他们讨论的内容中,我觉得最有价值的是这两点,希望你能记住一辈子:第一,不要进行过于冒险,会导致灭顶之灾的投资;第二,不要进行自己不懂的投资。对于这两点,

第 19 封信
一生永远不要碰的三条红线

我解释一下。

什么是过于冒险，会导致灭顶之灾的投资呢？巴菲特讲了两种——做空股票和使用杠杆投资。

所谓做空股票，是和人们通常买卖股票方式相反的一种操作。通常人们在股价低的时候买入股票，在股价上涨后卖掉股票套利，这叫作做多股票。如果反过来，在股价高的时候，将自己的资金抵押出去，借得股票后先卖掉，期望股票下跌时能够买入平仓，这就叫作做空股票。做空股票相比做多股票有两个巨大的风险。第一，如果股票没有按照预期下跌，而是上涨了，那么做空股票的损失从理论上讲无穷大，可以让你倾家荡产。相比之下，做多股票即便跌到零，也不过是损失100%。举个例子，如果你在谷歌上市的时候购买它的股票，换算成今天的成本大约是50美元，即便谷歌倒闭了，也不过是一股损失50美元。只要你能工作挣钱，大不了从头再来。但是，如果你做空谷歌，今天它的价格是1000美元左右，你的损失每一股高达950美元。因此，做空股票的收益有限，但是风险无限大。第二，对于做空者来讲更糟糕的是，由于经济是发展的，股票上涨是常态，因此亏钱也就变成常态。

使用杠杆投资，就是把你的资产抵押进去，借钱买股票。这种做法的好处是，如果股市涨了1%，而你额外加了一倍的杠杆，你的收益就是2%。如果下跌，你的损失也会放大一倍。我在上次的信中和你说，自从出现股市到目前为止，股市指数不论如何下跌，都会涨回来，因此你只要投资整个股市，而不是投资单只股票，就不必担心短期账面上的损失。如果你使用了杠杆，情况就不同了。假如你使用了两倍的杠杆，股市下跌50%，你就没有机会了。这种情况被称为被抹平（wipe off），我有时开玩笑地把这种情况叫作"见外婆"。如果你使用了10倍的杠杆，只要股市有10%的波动，你就"见外婆"了。几天前，巴菲特发布了2017年给股东的信，他提到伯克希尔－哈撒韦公司在过去半个世纪遇到过4次股票大跌的情况，有两次超过50%，两次接近50%。如果该公司多加了哪怕一倍的杠杆，就已经"见外婆"4次了。当然，只要有一次，今天就很少有人知道巴菲特这个名字。在20世纪末，世界上一些最聪明的经济学家和投资人，包括诺贝尔经济学奖得主，创立了一个叫作"长期资本投资"的公司，加了10倍左右的杠杆，结果欧洲和亚洲出现了一点儿风吹草动，他们就"见外婆"了。可见，在投资中，严于律己和恪守原则比聪明与专业知识更重要。

为什么不能做自己不懂的投资呢？一方面，这是拿自己的短处和别人的长处比，胜算微乎其微。巴菲特从来不投资自己看不懂的公司，以及自己看不懂的金融产品。巴菲特因此失去了很多非常赚钱的投资机会，但是这没有妨碍他获得超高回报，因为他

第19封信
一生永远不要碰的三条红线

得到了自己应得的。另一方面，你看不懂的投资里面常常有很多陷阱。事实上，在2008年金融危机前，金融机构的很多金融衍生品都有这个特点。巴菲特说，他花了一天时间看了一大本说明书还没有搞懂那些衍生品，这说明里面恐怕有猫腻。事实上，大道至简，如果有人刻意把简单的道理搞复杂，你就要对他们有所防范了。这条原则，我希望你不仅在投资时需要知道，也要把它贯彻到生活和工作中。

人通常不会在一开始就做自己不懂的事，但是当一个人在一些领域获得一点儿成功时，就会觉得自己无所不懂，无所不能，然后做很多自己并不擅长的事，最后一败涂地。和巴菲特一同吃饭的D伯伯是中国民营企业家中的常青树，他在20多年前就夺得了中国央视广告的标王，这相当于拿下美国超级碗的广告位。广告让他的公司的家电产品在中国占了很大的市场份额。当然，他的公司为了树立品牌，从每年投入几亿元到现在投入几十亿元做广告。这自然养肥了一些广告公司。这时，他手下的一些高管就建议，与其让广告公司赚钱，还不如自己成立一家广告公司，或者收购一家。D伯伯并不认可这个建议，认为自己办广告公司一定会办砸，因为他不懂这个行业。高管和他据理力争，那些人说："您怎么就肯定我们办不好呢？或许我们能够学习，能够办好。"D伯伯解释道："我确实不知道为什么我们不能办好，但我知道一

态度

定会是一个失败的结果。因为如果你们的逻辑成立，今天世界上最大的广告公司应该是可口可乐广告公司，或者宝洁广告公司，但结果不是，这必然有原因。"这个非常特别的思考问题的方式，就是他从巴菲特身上学到的智慧。D伯伯一生只做他看得懂的事，到了智能手机时代，他旗下的智能手机公司占了世界市场很大的份额。相反，当年和他一样拿下央视标王的那些企业，最后都是昙花一现，今天已经找不到踪迹了。

我希望巴菲特的这两条建议能成为指导你一生的行为准则。除此之外，我再给你一条投资建议，那就是永远不要眼红别人抓住了转瞬即逝的投资机会，或者说投机机会，不要因此乱了自己的方寸。我周围总是有人和我说："如果我当初买比特币，今天能赚100倍了。"我告诉他们，这种说法毫无意义。这种事遇上了，就如同中彩，是运气，遇不上，也不必在意，因为人生的机会还有很多。很多人看到别人在很便宜的时候买了点儿股票或者其他什么东西赚了钱，总想着自己也能捡到便宜，这就如同中国人说的守株待兔。事实上，通常怀着这种心态想赚钱的人，买来的都是垃圾，而不是什么便宜货。退一万步讲，即使以很便宜的价格买到了股票，恐怕在涨一倍或者三五倍时就会卖掉。当初百度公司上市时，我拿到了很少的配额，相当于每股只花了不到三美

第 19 封信
一生永远不要碰的三条红线

元[1]，但是，我在每股十几美元的时候全部出手了，今天每股的价格是 200 多美元。即便我这样有耐心和定力的人，尚且不能保证拿着便宜货直到利益最大化，何况那些投机者呢？因此，投资永远不要试图把握所谓的时间点，那是投机。即使投机者遇到一两次好运气，也难以改变一生的命运。事实上，美国中了千万美元以上乐透大奖的人，几乎无一例外地在 10 年内又变成了赤贫。不要被那些所谓的失去了的投机机会乱了方寸，这是我给你的第三条建议。

这三条建议相当于三根标志高压电的红线，希望你一辈子都不要碰。

祝学业进步！

你的父亲
2018 年 2 月

---

[1] 百度上市时，每股的价格是 27 美元，后来做过 1:10 的分拆，因此今天的一股当时的成本只相当于 2.7 美元。

第 20 封信
我的金钱观

> 这是我在梦华 21 岁生日的几个月前和她的一次谈话,以便她以后能够管好、用好自己的钱。

梦华:

你很快就 21 岁了。在美国,从法律上讲,你可以自己管理自己的钱财了。你问过我如何理财,这是技术层面的事情,不着急讲。我们可以讨论一下如何看待钱,即金钱观。

对于钱的态度,我比较赞同中国文豪鲁迅先生观点,那就是人要生存,要温饱,要发展。鲁迅先生这样解释这三个层次的意思:所谓生存,并不是勉强度日,也就是说要过得体面些;所谓

态度

温饱，并不需要奢侈，做到衣食无忧即可；所谓发展，也不是像很多富豪那样放纵，而是说在物质上能够做到适当享受。作为一个有机会上最好的学校的人，我希望你能正确理解钱的用途和意义。在这方面，很多亚裔年轻人的理解有点儿肤浅，我希望你能超越那些人。

去年我到哈佛做讲座，讲座后和那里的一些华裔学生做了一些交流。我发现他们确实很优秀，能力也很强，但是我也发现他们的很多见识会限制他们未来的发展，让我有点儿失望。我问他们将来打算学什么、做什么，大多数人给我的答案只有两个——计算机和医学院预科，并没有多少人愿意学文、从政，或者做一些为大众服务的事。我问他们原因，主要是因为学这两个专业将来就业有保障，收入也不错。听到这里，我不禁叹息，这是白白浪费了进哈佛的名额。每年能进哈佛的华裔学生非常少，很多高中一年也不会有一名华裔学生被该校录取，因此这些学生其实承载着一个族裔未来的希望。他们应该从政，成为未来美国的领袖，但是他们选择了一条看似简单，影响力却有限的道路。与其这样，还不如一开始就去上卡内基－梅隆大学，至少被录取比哈佛容易得多，而将来进入谷歌之类的公司也比哈佛毕业生容易。

我和哈佛、耶鲁的一些教授，以及后来比较有成就的毕业生

第20封信
我的金钱观

聊过，上这样的大学的意义到底是什么。他们给我的比较一致的回答是，能做一些对社会比较有影响力的事，而不是以挣钱多少来衡量。换句话说，在美国，衡量精英的标准不是钱和学历，而是影响力。这个道理对于那些每月勉强维持收支平衡的中低层大众来讲，有点儿空泛。这就如同和他们说，没有饭吃，为什么不喝肉粥一样可笑。但是，对于温饱不是问题的人来说，在年轻的时候能够懂得把钱看得淡一点儿，是有必要的。总的来讲，华裔的个人主义基因比较强，相比之下，欧美人甚至印度人，反而非常讲求团队合作。在最近的十多年里，在美国的大学，华裔教授下海捞钱的多，愿意为学校管理做贡献的少，进入大学管理层的人不增反减。我问一个学术精英为什么去做生意，他说在大学里，要尽太多的学术义务，浪费时间。事实上，无论是在大学，还是在各种专业机构，比如IEEE（电气和电子工程师协会），要想增加影响力，就需要尽很多义务。对钱的执着让很多华裔学者走不到学术金字塔的顶尖，更不用说成为有影响力的社会公众人物了。在这方面，我不希望你也被钱绑架，不能静下心来做一些更能发挥自己特长的事。

钱这个东西，从本质上讲是物质的媒介，而不是物质本身。美国很多富豪会把大量的钱捐出去，相比之下，中国人和美国华裔在这方面做得就差了很多。我分析了一下，美国人愿意捐钱有

态度

三个原因。一是宗教原因，过去基督教一直有奉献的传统，比如洛克菲勒在没有发财前一直把自己收入的大约5%捐出去，甚至在他还是一个小学徒时就开始了。今天的摩门教依然严格遵循十一奉献的规矩。二是不希望钱成为后代不工作、不上进的理由。美国富人大量捐钱是从19世纪末至20世纪初的反垄断和进步运动时期开始的。那一代美国人，赶上了第二次工业革命，富裕起来的人大多数是白手起家的第一代富豪，他们有良好的事业追求和生活习惯。但是，他们的第二代和今天中国的富二代差不多，很多成为社会的废人。这些富豪，比如洛克菲勒、卡内基最后得出一个结论，钱是为了让孩子做喜欢的事，而不是为了炫富和无所事事，因此，他们将大部分财富捐了出去，这给所有人带了一个好头。美国有一大批慈善基金会是在那个时期建立的。三是希望钱能够作为扩大自己的影响力，实现自己理想的工具。今天一些人捐款，其实是有附加条件的，甚至有一些政治性附加条件。这些条件通常不是为了自己，而是为了一种理想，或者为了一个族裔、群体的利益。比如很多人在大学里设立一些奖学金，就是希望能够保障一些族裔达到录取要求，让没有钱上学的人实现上学的愿望。

因此，我觉得上哈佛、耶鲁或者MIT这样学校的目的，首先不是学习赚钱技能，而是学习如何成为精英，以便将来有钱了反

第 20 封信
我的金钱观

哺社会。事实上，中国过去很多士绅也是如此，懂得要自己掏钱给家乡修桥铺路，这是一种社会责任。在名牌大学学习，眼界不在于看不看钱，挣不挣钱，而在于能否看透钱，认清钱仅仅是媒介这种性质，这比挣钱本身更重要。不少华裔学生从哈佛毕业，满足于做一个电脑工程师、华尔街的股票交易员，或者一个家庭医生，挣的钱或许不少，但是从社会影响力来讲，依然没有摆脱穷人的心态。美国不少私立名校并不情愿招华裔学生，因为那些人毕业，对学校的声誉和利益没有太多帮助。

懂得钱的用途，当然还需要有挣钱的本领，否则上面讲的理想都是空谈。能挣到大钱的关键在于要捡西瓜，不要捡芝麻，一个西瓜的重量抵得上 200 万粒芝麻。因此，做一万件小事，时间花得不少，效果未必抵得上一件大事。雅虎公司在它规模最大的时候，几乎涉足了互联网所有的领域，提供的服务多得不得了，数都数不过来，但是没有一个是世界第一，很多服务流量和赢利能力非常有限，都是一些小芝麻。最后加起来，还不如谷歌一个广告产品的收入高。在中国，有不少类似综合体的公司，看到别人在哪个行业赚了钱，自己也要涉足，最后分到芝麻大一点儿的市场份额，得不偿失。这些公司，人数是腾讯或者阿里巴巴的几十倍，市值却只有它们的几分之一。

我常常和你讲，人要大气，就是这个道理，千万不要为一些

态度

蝇头小利动脑筋。我经常看到身边一些人有如下行为，都属于捡芝麻，比如：

- 为了拿免费的东西打破头；
- 为了省一两元的打车钱，在路上多走 10 分钟；
- 为了抢几元钱的红包，三五分钟一直盯着微信；
- 为了挣几百元的外快，上班偷偷干私活；
- 为了在黑色星期五抢东西不睡觉；
- 为了一点儿折扣跑 5 家店，或者在网上比价两个小时。

有这样行为的人不大气。

怎样才能捡到西瓜呢？我认为关键在于把一个东西做到极致。一块百达翡丽手表能卖 10 万美元，还经常缺货，而中国生产的一块石英表只需要几十美元。同样为了看时间，为什么前者比后者贵几千倍呢？因为它做到了极致。苏联著名物理学家、诺贝尔奖获得者朗道把物理学家分为 5 个等级，第一级最高，第五级最低，每一级之间能力和贡献相差 10 倍。在第一级中，朗道列出了当时几个世界级的大师，包括玻尔、狄拉克等人。在第二级中，全世界只有十几位。在所有的物理学家中，朗道给出了一个零级大师，就是爱因斯坦。朗道所列等级的最核心思想是，人和人的差距，

第 20 封信
我的金钱观

能力和能力的差距,是数量级的差别,而不是通常人们想象的差一点点。

其实,任何专业人士,根据能力贡献,都可以仿照朗道的方法分成 5 个等级,比如对于工程师,我是这么分的:

- 第五级:能独立解决问题,完成工程工作;
- 第四级:能指导和带领其他人一同完成更有影响力的工作;
- 第三级:能独立设计和实现产品,并且在市场上获得成功;
- 第二级:能设计和实现别人不能做出的产品,也就是说他的地位很难被取代;
- 第一级:开创一个产业。

如果一个人能够在能力水平上晋升一级,不仅贡献多 10 倍,所做的事情的影响力,包括自己的收入也常常多 10 倍。做 5 件 5 级的事,花的时间可能比做一件三级的事要多,但是收益和影响只有后者的 5%。因此,捡西瓜的关键在于能够让自己承担高级别的任务。

在 MIT 这样的学校里,仅仅学到谋生的手段是远远不够的,

态度

而要学习具备超过同龄人的能力,做更有影响力的事。如果你有幸有多余的钱,要懂得将它们用在更重要的事情上。

真正理解了钱的作用,理财会是一件容易的事。

你的父亲

2018 年 3 月

态度

第四章
人际关系

第 21 封信
论友情：交友时不要怕吃小亏

> 梦华到 MIT 一段时间后，给我写邮件表示她一切都好。她和那里的同学相处得很好，大家在一起很开心，同时告诉我们学校对交友的建议。

梦华：

　　根据你在电话里讲的情况，我能感受到你在学校过得很开心，你的妈妈也放心了。我本来就没有什么担心的，因为相信你无论去了哪所学校，都会适应。

　　上次，WJ 叔叔说 MIT 的学生都非常友好，我到学校看了之后确实有这样的体会。你的周围有很多和你相似的人，从兴趣爱好

态度

到生活习惯。这非常好，使你有机会交一些好朋友。

朋友多了首先会让你愉快，这是人的天性。不用我多说，你也能切身体会。因此关于这个方面，我今天就不说了，以免浪费你的时间。

上名校的目的除了接受的教育稍微好一点儿之外，就是能有一个很好的同学圈子。这样便于你交朋友，这甚至比教育更重要。一个人有的是时间学习，但是交朋友，即使有时间，也要有可交往的对象。有可交往的对象，有时间，这两件事凑齐，恐怕只在大学里有这样的机会。

先说说人。能考上MIT的都不是一般人，大家不仅聪颖勤奋，而且大多很有教养。从历史上看，MIT有1/4的本科毕业生后来成为大公司的高管，这个比例在全世界都是非常高的。因此，这个环境好得不能再好了。从时间来看，年轻人在一起生活学习4年，有足够的时间了解他人在性格特点上的每一个细节。更重要的是，大家彼此是坦诚的，这样彼此才有机会感受对方的内心，这一点在工作中是做不到的。

你在工作之后会发现，有些同事即使共事时间很长，也不一定能深交。在工作中，更多是业务上的关系，难免有点儿功利。但是大学却不同，同学的功利心不会太强，彼此愿意相互照应，这是出于年轻人的善意和天然的交友欲望。大学生抄个作业或者

第 21 封信
论友情：交友时不要怕吃小亏

帮个什么忙不是什么大事，也不会因此觉得欠对方一个人情，对方也不会要什么回报。但是，一旦走出校门，大部分人在"你的"和"我的"之间就分得特别清楚。从小事上讲，在单位里上级安排了任务，你需要别人帮忙，对方哪怕帮了你一点点，你就欠对方一个人情，会对他很客气地表示感谢，下一次他对你也是如此。在这样彼此客气的环境中，人是很难深交的。从大事上讲，很多人为了自己的利益不惜损害他人的利益。有一次一家上市公司的创始人对我说，创始人之间到最后很少能够做到不内斗。如果创业失败，反而没有关系。如果创业成功，很多人不惜毁掉多年的交情，以谋求自己利益的最大化。

大学交朋友的另一个好处是，同一个班上的同学，不论家境和其他条件相差多大，到了一个班里学习，彼此就是平等的，或者相对平等。而在工作中总有上下级的关系，即使是平级关系，也有先来后到一说。我们知道，只有在平等的基础上，才能倾心交往。在中国有句话，一起抄过作业的同学的感情可以和一起上战场打过仗的战友的感情一样好，因此，错过在大学交友这个机会非常可惜。

人为什么需要一些挚友、一生的朋友？因为我们做事情总需要别人的帮助。在今天的社会里，很难一个人做成大事。因此，如果你在大学里遇到值得交往一辈子的朋友，需要像对待兄弟姐

态度

妹一样对待他们。莎士比亚在《哈姆雷特》里说过,"相知有素的朋友,应该用钢圈箍在你的灵魂上,可是不要对一个泛泛的新知滥施交情",就是这个道理。

虽然我和大卫的爸爸(朱会灿)不是在大学里认识的,但是当时我们在谷歌,中国人很少,需要彼此帮助,于是就成为挚友。大卫的爸爸在谷歌比我的资历老,我到谷歌时,他已经是公司里小有名气的工程师了。有一次,他对我说:"我们一同建立一个中文、日文、韩文的搜索团队吧。"于是我们就从这个项目开始合作。大卫的爸爸和我在性格、经历以及爱好上相差甚远,但他是一个非常理性且大气的人,也从来没有摆过老资历,因此我们合作得非常愉快。2005年,我们要在中国发展,他和我都不适合(也没有精力)到一个新的地方运营一家庞大的分公司,于是我们在这个问题上达成一个共识,要请一位更有资历的人担当此事。后来在我的推荐下,公司请来了李开复博士负责大中华区和亚太的业务。大卫的爸爸主动做李开复的副手,他们全家还回到中国一段时间。我对理论研究更感兴趣,就回到我的上级诺威格博士那里,负责谷歌自然语言处理的一些工作。从此以后,我们的工作就没了交集。

到2009年,腾讯邀请我加入。我需要一两个合作者一起工作,我首先想到的便是大卫的爸爸。很早之前,腾讯也联系过他,

第 21 封信
论友情：交友时不要怕吃小亏

但是他觉得时机尚未成熟，无法下定决心。等到我邀请他一同试试，他便下定决心，于是第二年我们就一同加入腾讯。在这个过程中，还有其他一些同事考虑和我们一起加入腾讯，但是他们对个人利益算计得比较多，最后因为这样或者那样的原因未能成行。两年后，你进入高中，我需要回美国陪你，但是觉得不能自己一个人跑回美国，就和他商量了我的想法。在他没有反对的前提下，不久后，我就回到谷歌，而大卫的爸爸考虑了良久，也在半年后再次回到谷歌。又过了两年，我完成了在谷歌的任务，和朋友创立了丰元资本风险投资公司，事先我也把这个打算告诉了大卫的爸爸。刚开始的时候，基金的规模很小，无法给大家买医疗保险，而大卫家有很多孩子，因此那时我也不建议他离开公司。不过我告诉他，等基金规模大了，依然会给他保留合伙人的位置。两年后，我们的基金做得不错，福利也可以向谷歌看齐了，于是我才建议他加入，他也如约答应了。后来他介绍自己的同学——谷歌主管全球信息安全的高级总监马克斯加入我们。像大卫的爸爸这样的人，则是我们最应该珍视的财富。

相反，在工作中，一些人会因为你的地位、权力和天赋主动和你交往，但是如果你对他们来说不再有用，他们离开你的速度是接近你的速度的 12 倍。我在腾讯担任副总裁时，每天约我吃饭的各种人推都推不走，一些人甚至要把房子和车子借给我。但是

态度

当我离开腾讯，对那家公司不再有影响力时，90%的人没有再和我打一次招呼。不仅我有这样的经历，稍微有一点儿资源和权力的人都或多或少遇到过。我的一些学长曾经担任中国一些资产上千亿的国有公司的负责人，在位时上门的朋友赶都赶不走，一旦退休没了权力，连一个一同打高尔夫球的人都找不到。对于这种现象，你也不必奇怪，因为首先考虑自己的利益是人的本能，只要不刻意伤害我们，就不必太在意。你将来事业有成，也会遇到这种情况，对比一下，你就会慢慢体会挚友多么难得。

中国有句老话，一个好汉三个帮。伙伴的选择，对生活和工作至关重要。人无法决定自己的出生，家人、亲戚的圈子基本上是无法改变的，能自己决定和选择的只有朋友。好朋友是巨大的财富，而那些表面上恭维你，却在背后伤害你的人（中国话叫作损友）则是巨大的负资产。至于如何避免损友，每个人都需要吃几次亏才能有所防范。我自己并不擅长考察一个人的动机，因此我的做法就是坚决止损。具体来讲，我平时都先假设人是正直、善良、诚信的。当然，我有很大的可能会上当，不过没关系，我只会上一次当，因为我从不给人第二次机会。这就相当于做生意赔本一次后，马上止损，不能越亏越多。当然，我的这个做法是从中国一位特别有智慧的名臣曾国藩那里学到的，他对于那些荒唐的亲戚坚决不来往。

第 21 封信
论友情：交友时不要怕吃小亏

在大学阶段广泛交友还有一个好处，就是万一上当，损失也不会太大。在工作中，特别是在商界，交友不慎的损失是十分巨大的。因此，如果要摔跟头，宁可早点儿摔。

因此，从各个角度看，在大学里花一些时间交各种朋友，都是非常有益的。

最后，我还有一个建议，就是交友时一定要真诚、大方和宽容。不要怕自己吃小亏，对别人的一些小毛病要容忍。毕竟人无完人，不要因为别人的一些缺点就否定整个人。我知道你不是一个计较的人，但是有些时候身在其中，在处理一些矛盾时难免情绪化。在这一点上看开一些，就给自己留下了空间。

祝新生活愉快！

你的父亲

2015 年 10 月

第 22 封信
论爱情：合适的人会让你看到和得到全世界

> 梦华在进入 MIT 之后，说在学校的生活还不错，同时谈到了恋爱的问题。

梦华：

你现在已经是一个大学生了，开始完全独立的生活了，恋爱无疑将是你的生活十分重要的一部分。关于这件事，你的妈妈平时和你交流比较多，你们的讨论我也不好奇探问了。今天我从另一个角度和你谈谈男女之情。

为什么会有爱情呢？当然，今天科学家已经发现人类会分泌爱情物质，就是多巴胺、苯基乙胺、内啡肽和去甲肾上腺素等，

态度

它们会让男女愿意相处,并且对合适的人产生爱情。这些是爱情的生理基础,但是人还有超越生理的精神需求,这就是我今天想谈的第一个话题。

话说当年古希腊的贤哲在雅典的奥林匹斯山上论道,谈论爱情的本质,为什么会有爱情。他们当然不懂生理和化学,因此谈论的大部分是精神层面的东西。当时的大学问家阿里斯托芬用了这样一个寓言来解释爱情。

> 从前,人类有四只手、四条腿,强大无比。人类长着前后相反的两个面孔,每个面孔都有眼睛,能前后同时观看,因此什么也逃不过他们的眼睛。这些超凡的能力,都让奥林匹斯山上的众神忐忑不安。于是,众神之王的宙斯决定把人一分为二,他用一根发丝就像切鸡蛋那样把人从中间分开,这样每个人都只是原来的一半,只有两只手、两条腿,以及一个面孔。但是,被分开的两个人都想努力抱住对方,结合成原来的一个人,这种欲望就是爱情。

我不知道你听了这个寓言会有什么想法,我觉得阿里斯托芬道出了爱情的很多本质性的东西。

第一,没有爱情的人是有缺陷的,没有经历真正爱情的人生

第 22 封信
论爱情：合适的人会让你看到和得到全世界

也是不完整的，因为这样的人都是"半个人"。阿里斯托芬的寓言很有意义，人原来有两个面孔，前后的世界都能看清楚，但是当人只剩下前面的眼睛之后，看待世界常常是片面的。实际上，男人看世界和女人看世界是不同的。梦馨的历史老师说，要想客观公正地看待历史，我们需要读三种历史——胜利者写的历史，失败者写的历史，女人写的历史。他的这个说法非常有道理，也说明一点，就是男人看事情和女人真的不一样。这一点你早有体会，每个人都有体会，我就不多说了，你记住它就好。正是因为各自的局限性，男女在一起才能互补，人生才能完整。

第二，如果两个合适的人能够一起相处，他们形成的合力一定是 1+1>2 的，这也是我从不认为谈恋爱会耽误学习的原因。阿里斯托芬也从某种意义上解释了为什么爱情的力量如此强大，因为情侣都有合二为一的冲动。当两个人同时感受到这种冲动时，他们会感到倍加幸福，因为终于找到了自己的另一半。

第三，也是最重要的，既然最后结合到一起的男女原本是一个人，那么还原成一个人的过程需要找到自己合适的对象。如果两个人是勉强凑合到一起的，那么将来相处一定会有较大的缝隙，不会严丝合缝，这对两个人可能带来的伤害要大于益处，因此找到合适的人很重要。我和你的妈妈过去的一个同学，是一个非常优秀的女性，她说读名校的好处，就是容易找到合适的人。虽然

态度

这种想法有点儿功利，但是也有道理。趁着现在周围有很多优秀的人，花些时间在男女之情上是必要的。

至于什么人合适，哪些人不合适，这是非常主观的，因此在这方面你要基于自己的感受和判断，我对你的选择和做法是不会有任何评论的，或许你的妈妈会给你一些建议。但是她顶多也不过是发表一下自己的看法而已，没有任何左右你的想法的意思。如果你有幸遇到合适的人，恭喜你。如果你在感情上遇到什么挫折，也要尽力自己走出困境。虽然寻找合适的对象带有很多主观性，但是任何人在寻找时，其实很难摆脱环境的影响，包括思想、道德、文化、价值体系等。同样是一个人，他生活在波士顿还是加州，或者中国，不知不觉地就会用不同的标准考量人。比如今天女生常常喜欢高大颀长的男子，但是在华盛顿生活的时代，女人则喜欢敦实粗壮的男性，以至于瘦高的华盛顿很不讨女人喜欢。这还只是外观审美方面，它已经受到大环境影响。对人内在因素的衡量，更是不知不觉受环境影响。你在了解这一点之后，就会知道两个人在文化、价值体系等方面的兼容性多么重要。没有这样一些共同基础，仅仅靠外在的吸引和初期的好感是很难维持一种长久关系的。

接下来，我讲讲东方一些有识之士对爱情的看法。周国平是中国当代一位颇有思想的学者，也是作家。他翻译了尼采的一些

第22封信
论爱情：合适的人会让你看到和得到全世界

书，我是通过他了解尼采的。周国平也写了一些颇有哲理性的散文，其中有一篇是这样写的：

> 人一出生，其实就是在往死亡的道路上走，所有的人都排着队慢慢往前走，道路的尽头就是人生的终点。这样的场景有点让人感到凄凉。这时，有些男女开口了，他们说反正都是要往前走，要走到那个地方，这中间我们说说话，玩耍玩耍，做做游戏吧。很多人觉得讲得有道理，便响应起来，于是整个队伍就充满了欢声笑语。

在周国平先生的眼里，人生就是这样一条单行的不归路。在这个过程中，男女之间的交往、爱情、婚姻，使这个世界变得美好了，否则这个世界就是死寂一般。在我看来，这个世界如果没有浪漫的爱情，就是冰冷、毫无生机的。浪漫的爱情使生活有了意义，人不再是一个个走向死亡的个体，而被赋予了炽热的生命。

讲完阿里斯托芬和周国平的看法，我来说说自己的看法，作为一个男人的看法。

首先，男女是有别的，也正是这个区别，吸引着彼此。对于女人来讲，应该展示出自己柔美、温柔和端庄的一面。虽然很多男人说自己不看重对方的外表，但其实这是男人的谎言，几乎每

态度

个男人都看重外表，至少在刚接触时。因此，得体大方的穿着，适当的打扮还是需要的。你在购买衣物时，不用太考虑省钱，买一些让人赏心悦目，又能体现自己的个性的服装非常有必要。没有男人会喜欢穿着太随意的女人，就如同女人不喜欢邋里邋遢的男人一样。

当两个异性彼此喜欢时，会分泌苯基乙胺和多巴胺。苯基乙胺给人触电的感觉，一见钟情便是这么产生的。多巴胺是一种让人上瘾的物质，让人感觉爱情特别美好。但是，外表的吸引只能维持3~6个月，因此长时间愉快地相处显然仅靠外表是不够的。事实上，当一个男人天天和一个天仙般的女人相处时，半年后也会出现审美疲劳。所幸的是，恋爱中的男女还会分泌内啡肽，它是一种让人感到舒服平和的物质，可以持续很长时间。很多人说，婚姻就是找一个伴儿，过一种舒服的日子，这种舒服就和内啡肽有关。

两个人要维持在一起舒服的日子，除了稳定的经济收入，最重要的是彼此有内在的美德可以吸引对方。你颇有才情，兴趣广泛，也还算会生活，这些我都不担心。你唯一要注意的就是不要凡事太强势。据我观察，很多从名校毕业的人都有这个特点。这也很好理解，大家过去做事都很顺利，取得了很多人没有取得的成功，在有分歧时，自己常常是正确的一方，久而久之就容易变

第 22 封信
论爱情：合适的人会让你看到和得到全世界

得强势。但是要记住，有时示弱并非真的软弱，水比石头软，却能穿石。内心真正强大的人不会在乎表面的软弱，在别人面前表现得柔弱些，未尝不是一种优点。

其次，好男人和对你好的男人是两回事。对你来讲，对你好而你又看得上的人才是最有意义的。很多人在你不熟悉的时候，出于一种礼貌，表现还不错，但是只有进一步了解，才能知道他们是什么样的人。那些还不错的人和真正对你好的人是两回事。要找到后一种人，需要彼此有比较多的生活交集。

另外，人是会变的，因此，今天对你好未必等于长期对你好。人在刚开始热恋的时候觉得对方就是全世界，为对方摘星星、摘月亮都愿意。但是，过了几天，冷静下来就像变了一个人。这倒不是因为谁有心欺骗对方，而是因为爱情激素让很多人觉得自己无所不能，而且愿意为对方做所有的事。我从不觉得白马王子之类的说法有道理，这更像热恋中的人的自我吹嘘和相互吹嘘，就如同靠运气买了一只上涨的股票就自吹为股神一般。真正长久的爱情需要两个人一起培育。罗曼·罗兰说，爱情是一朵精纯的花，即使呵护也可能伤害它，可见它多么娇脆。当两个人遇到矛盾和问题的时候，能否有效解决那些矛盾和问题，是维持长久爱情的基本能力。

怎么判断一个人是否合适呢？我觉得，一个合适的人会让你

态度

看到和得到全世界,而一个不合适的人会让你失去全世界。一些年轻人说:"为了你,我整个世界都可以不要,我可以牺牲一切。"这个说法是错误的,不是花言巧语,就是犯傻。好的爱情应该是因为对方,自己得到了全世界。想想阿里斯托芬的寓言,爱情能够给我们带来好处,而不是坏处。

爱情是一个大话题,了解它的本质不能靠看书,需要亲身去体验,去感受,去思考。因此我今天说的,可能只是 1%,你要自己去体会剩下的 99%。

祝幸福!

你的父亲
2016 年 1 月

第 23 封信
团结大多数人

> 梦华在邮件中谈到过去两年在亚马逊公司实习时,发现一个团队中,总是有很多平庸混事的人,还有一些人本事很大,但是也有一堆毛病。美国一些大学的学生有些"洁癖"——对那些夸夸其谈、不愿意做事的人不齿,对那些只愿意一个人做事,不愿意合作的人反感。在 MIT 等学校的学生身上,这种现象比较普遍。然而,世界上有各种各样的人,我希望她能够体会这一点,能够包容各种各样的人,和平相处,并且善用每个人的长处。

梦华:

上次我和你聊了锻炼领导力的事。我现在回顾了你在高中的

态度

生活，如果说那时有哪些方面还可以进一步改进，可能就是领导力了。领导力不像很多其他能力那样，可以清晰地定义，并且很容易锻炼，它比较抽象，而且涉及的范围很广。我想了想，有两方面最重要，也相对比较容易训练。第一是组织和工作能力，一件事交给你，你能否将它分解，组织大家完成。第二是团结大多数人，让每个人能够各尽其才，发挥作用。

我们可以根据能力，以及管理的难易程度，把世界上的人分成4种。第一种人和我们关系非常好，做事总能配合我们，而且能力很强。这种人，我们非常放心。第二种人具有第一种人的特点，但能力有限，这种人我最后再谈。第三种人有做事的能力，但他们未必是你的朋友，你们很难相处融洽。如果他是你的下属，未必会听话。如果他是你的上司，未必对你很公平。这种人非常多，这是我要谈的重点。第四种人在上面两个维度都有些问题，他们和我们的交集通常不多，也就不必太在意。因此，在为人处世方面，我们需要比较留意的是第二种人和第三种人。

我过去和你谈过要提防小人，其实真正的小人并不多。但是很多人在生活中，把不是自己朋友的人都排斥在外，这就有问题了。毕竟如果我们想做成一些事，需要各种有能力的人帮助。世界上有很多人，他们既聪明，又能干，却未必让我们喜欢。对于他们，我们要有一个非常公允的态度，不能因为他们和我们不同，

第 23 封信
团结大多数人

或者有某些缺陷，就否认他们的能力，进而否认他们的贡献。每次说到这种人，我就想起法国大革命和拿破仑时代的塔列朗。

塔列朗在美国并不算太有名，主要是美国人在讲历史时很少涉及世界历史。不过，他在欧洲历史上，特别是在外交上可是大名鼎鼎的人物。塔列朗出身于法国一个古老的贵族家庭，并且有王子的封号，但是由于天生腿部残疾，不能参军，只好学习神学，然后作为一名低级的神职人员在法国王室里担任教会代表。

塔列朗因为思想本身就很矛盾，导致他的行为常常飘忽不定，以至于他被很多人看成随风倒的人。比如，最早作为一个神职人员，他应该支持教会，但是因为受到启蒙思想的影响，却在1789年大革命前的三级会议上反对教会，这让他成为历史上少数几个被教皇革除教职的人。

在法国大革命中，塔列朗先是服务于共和国政府，负责外交事务。在这个职位上，他展示出非凡的外交才能。1792年，他被派往英国争取对方保持中立立场，并且成功说服英国人，但是随着法国的崛起，他的和平努力失败了。接下来，罗伯斯庇尔等人上台，法国处于癫狂状态。塔列朗为了自保，出国躲了几年，直到他看清楚拿破仑是未来法国真正的主人，才回国投靠拿破仑，并且作为外交大臣主导法国外交。

在接下来的外交活动中，他取得了一系列成就，和英国达成

态度

了休战协议。到1802年，他认为法国的扩张已经到头，希望欧洲各国从此和平相处，并且推动签订了与英国的和平条约（《亚眠条约》）。

在这之后，塔列朗和拿破仑出现了分歧。前者希望通过外交谈判实现和平，维持法国革命和军事胜利所取得的成果，后者则希望通过武力获得更多的利益。于是，塔列朗在1807年辞去外交部长一职，后来实际上一直在暗中给拿破仑拆台，甚至收受贿赂。

如果最终是拿破仑成功了，塔列朗就会被作为一个贪图钱财、出卖国家利益的卖国贼载入史册。但是当后来拿破仑失败，欧洲列强要开始瓜分法国时，塔列朗站了出来，在维也纳会议上和列强斡旋，极力维护了法国作为一个欧洲大国的地位。因此，他在历史上成为一个非常难以评价的人。

塔列朗的外交水平之高在历史上是非常罕见的，但是这个人既不对任何人忠诚，也不是任何意义上的君子。后世形容他为"狡猾、奸巧""表里不一"。他早年反对教会，晚年又皈依天主教；他从来没有损害法国的利益，却利用职务之便收受贿赂；他对各个主子都谈不上忠诚，特别是对拿破仑两面三刀，但是对法国却非常忠诚。甚至他在个人生活上也充满矛盾，他没有婚生子嗣，但可能有三四个私生子，包括著名的画家欧仁·德拉克罗瓦。他的这种行为，让他的名字也成为西方的专有名词，"塔列朗"

第23封信
团结大多数人

（talleyrand）今天在西方是"玩世不恭""狡猾的外交"的代名词。

塔列朗这样的人，按照中国过去的标准判断，是所谓的能吏，就是办事能力很强，道德未必高尚的人。在现实生活中，我们周围很多人对我们来说就像塔列朗一样。他们不可能和我们非常亲近，但是当我们和他们利益一致时，他们是很好的伙伴，他们专业能力强，而且忠于职守。即便在很多观点上和我们不一致，也能尽职尽责地把事情做好。你今后在工作中的同事，可能很多是属于塔列朗这样的人。和他们处好关系，是能够完成一项伟大事业的前提条件。

很多人对人对事的判断完全根据自己的喜好：符合自己喜好的人，无论他们做什么都觉得好；不符合自己喜好的人，无论他们做什么都要挑毛病。这种待人接物的态度不好。大部分人对我们来说不会有恶意，而我们也不能有洁癖，对别人横挑鼻子竖挑眼。我们要看到别人的长处，并且善用他们的长处。在工作中，最蠢的办法就是把塔列朗这样的人推到我们的对立面。事实上，只要大家能设定一个共同目标，把彼此的利益绑在一起，遇到矛盾，对事不对人，就能团结大多数人，把我们的事情做好。

对于那些对人很好，特别是对我们很好，但是能力有限的人，我们不能因为他们和我们的关系好，就凡事偏袒他们。在中国的职场上，任人唯亲不仅是一个很坏的习惯，而且经常给大家带来

态度

灾难。亚洲很多企业都维持不过一代人的时间，其中有一个重要的原因是，创始人只相信自己的孩子和亲信，以致对他们的错误故意视而不见，最终导致企业破产。相比之下，美国的企业能够让职业经理人发挥自己的能力，反而能做到基业长青。

今天和你说这些，是想提醒你对人不要有洁癖，非自己的同类就不接受。等离开学校后，你会发现很多人和自己不一样，争得他们的支持和帮助，是你将来生活和事业成功的必要条件。如果你将来有幸成为一个领导，对同事，对下属，千万不能有洁癖，要注意发挥每个人的特长。

祝学校生活顺利！

你的父亲

2018 年 5 月

第 24 封信
远离势利小人

在一次同学聚会上,梦华进入不同大学的同学聊起周围的一些怪事。考虑到 MIT 的学生过于单纯,我提醒她将来在社会上要注意一些事情。

梦华:

你快要毕业了,你的妈妈让我跟你谈谈将来交友时要注意的事。你在 MIT,我们都很放心,因为那里的学生都很单纯,很友善。至于走出学校后,我其实觉得很多事你自己体会一下,印象会更深刻,哪怕吃一些亏。不过,你的妈妈还是建议我跟你说一点儿注意事项。我想了想,唯一要注意的就是防范小人。

态度

我不知道"小人"这个词对应到英语里用哪一个词比较合适，或许是 villain。但是大部分时候，villain 还没有中国所说的"小人"阴险狡诈。为了便于理解，我先给你讲个小人的故事。

过去我和你讲过伍子胥的故事，讲过他为了过昭关，一夜头发变白了，讲过他非常懂得报恩，也讲过他让专诸鱼腹藏剑刺杀政敌，等等，最终他帮助弱小的吴国灭了强大的楚国，还把楚平王掘墓鞭尸。但是，他和楚国的这个仇是怎么结下的呢？这件事其实怪楚国的一个小人——费无极。

费无极是楚国的一个大臣。当时的楚平王为了联合秦国制约中原强大的晋国，与西边的秦国联姻，让他的儿子，也就是太子娶秦国的公主孟嬴为妻。费无极原本是楚国到秦国迎亲的使者，但是他见到秦国公主后，发现她非常漂亮，就动了歪心思。他会怎么做呢？一般人肯定想，他直接去向楚平王和太子邀功请赏就好了，这是常人的想法。当然你也可能会想他自己带着美人私奔了，这是好莱坞编剧的想法。然而，费无极的想法比这些都更有创造力，他直接找到楚平王，说孟嬴公主美丽无双，劝楚平王娶她。楚平王是出了名的好色，心里虽然痒痒的，但是碍于无法向太子交代，下不了决心。这时，费无极小人的一面就显现出来了，他告诉楚平王再去齐国求婚，把齐国公主嫁给太子就好了。于是楚平王就按照费无极的主意自己娶了秦国公主。

第24封信
远离势利小人

费无极不知廉耻地讨好楚平王，自然成为最宠幸的人，升官发财那是肯定的。但是，费无极的行为显然存在一个巨大的风险，那就是得罪了太子，将来终有一天太子会成为新的国君，那时费无极就要倒霉了。但是，小人就是有小人的智慧，他早想好了对策。他劝说楚平王把太子废掉，等楚平王和新娶的公主生了儿子，立小儿子为太子。这样，将来公主和她的儿子还要感激他，他可以永享荣华富贵。

不过，当时要废掉太子也不是一件容易的事，因为太子有一个特别有权势和智慧的老师叫伍奢。然而，小人既然开始做坏事，就要坚决做到底。费无极决定连伍奢一起迫害，诬告太子与伍奢密谋发动叛乱。楚平王听信了谗言，召见伍奢。伍奢劝楚平王不要亲信小人费无极而怀疑自己的儿子，无奈楚平王执迷不悟，把伍奢关押起来，并派人去杀太子建。

将伍奢抓起来后，费无极惹的麻烦就更大了，因为伍奢有两个特别厉害的儿子在外带兵，大儿子叫作伍尚，二儿子叫作伍员，就是伍子胥。费无极骗伍奢给两个儿子写信，说只要他们回来就放了伍奢，目的当然是把伍家一网打尽。伍奢对自己的孩子很了解，知道大儿子伍尚讲孝道，会和父亲一起赴死，但是伍子胥却不会。于是他说，信可以写，但大儿子会来，二儿子一定不会来，以后楚国要倒大霉了。最终结果和伍奢预料的一样，后来伍子胥

态度

带兵攻破楚国国都。当时楚王已死,伍子胥就将楚平王掘墓鞭尸了。

对楚平王来讲,费无极似乎是对他好,但是他背后的目的昭然若揭,他甚至不惜损害整个楚国的利益来换取自己的小利,因此这是一个彻头彻尾的小人。楚平王愚蠢的地方在于,他看不清对方对自己好的目的。

历史上像费无极这样的小人太多了,在今天的生活中,小人依然可见,他们具有这样一些特质。

第一,小人都不是笨人,甚至还很聪明。

第二,小人会让别人(包括自己的主人和上级)觉得他们对自己特别好,但是最终人们倒霉都会倒霉在这些看似很好的小人身上。

第三,小人最终的目的是自己的利益,为此他们不惜损害他人的利益。

第四,小人不同于那些直接损害我们利益的恶棍,在绝大部分时候,小人都是以朋友的形式出现的。人们在最后吃大亏之前,常常会把小人误以为是挚友,因为小人常常能把人服侍得很舒服。

你从我讲的故事中可以看出小人的危害经常是致命的。如何识别和防范小人呢?

我觉得,防范小人,第一条就是自己要戒除贪欲。很多时候,

第 24 封信
远离势利小人

我们的贪欲让小人能够乘虚而入。如果不是楚平王贪图美色，也不至于让费无极得逞，最后搞得骨肉分离，国家覆灭。今天感染计算机病毒的人，很多都是因为贪图免费的东西，安装钓鱼或者有病毒的应用，或者使用盗版软件。那些提供这些免费服务却包藏祸心的人，其实也是小人。因为我们有贪欲，所以遇到那些无缘无故对我们特别好的人，就会失去警惕。相反，那些直接对我们使坏的人，反而容易被发现，容易防范。

当然，并非对我们好的人都是小人，大部分确确实实是心地善良、真心实意对我们的人，是很好的人。那么怎样区别好人和小人呢？根据经验和教训，我总结了三点体会，不妨分享给你。

第一，善良的人会从你的最大利益上对你好，而小人，因为有自己非常自私的目的，他们利用你的一个（或者几个）弱点，让你获得一些局部的小利益，但是从长远来讲，却会损害你的最大的、最根本的利益。

在上面的故事中，对于楚平王来讲，最大的利益是国家的长治久安。费无极帮他做的事，无疑会给楚国埋下内乱的种子。也就是说，费无极让楚平王娶秦国公主为妃，看上去是替楚平王着想，却是以损害其最大利益为代价的。

在今天的生活中，我们会遇到这样一些人，他们给我们送些礼，给我们一点小恩小惠，然后让我们做一些违反原则的事。如

态度

果我们贪图小利答应了他们，他们得到了应得的利益，我们就要为违反原则付出巨大的代价。举个例子，如果有人给你小恩小惠，让你损害学校的利益，以及今后工作单位的利益，这种事情永远不能做，要远离这种人。

第二，看待一个人，不要只看他对你如何，还要看他对待周围的人如何。回到费无极，他看似对楚平王好，但是在对太子和伍奢父子上却暴露出小人的嘴脸。

你爷爷在世的时候经常说，如果一个人对周围的人都很刻薄，唯独对你好，你就要小心了。当人们有求于你时，他们的表现会比平时殷勤得多，而他们的真实意图并不容易察觉。

第三，物以类聚，人以群分。看看一个人周围都是些什么人，就能从侧面了解这个人。如果一个人周围都是一些高尚的人，他们自己也通常是君子。如果他们周围都是些道德沦丧的人，他们也一定好不到哪儿去。

我在过去，一直想向你传递一个信息——这个世界是美好的，要相信别人，所以你天真得像天使。但是随着你长大，我觉得可以告诉你这个世界的一些阴暗面的事了，以便将来你有鉴别能力。

你的父亲
2018 年 4 月

第 25 封信
达到沟通目的才算有效沟通

> 梦华在电话里问在公司里和在大学里与人交往有什么不同，这封信是我的回答。

梦华：

前天你给妈妈发短信，告诉她暑假放假的时间，让我们帮你订机票，但是她可能疏忽了，没有在意短信，一直没有把这件事告诉我，以致订票的事情耽搁了。这时，其实追究是谁的疏忽已经没有意义了。在弥补这个损失之后，今后我们在沟通上要做到更加顺畅。

你在学习计算机网络时，会发现计算机的通信永远要得到对

态度

方的一个确认信息，才算完成，而不是说发出信息就完事了。这个笨办法，虽然看似降低了一点点通信效率，但是使得计算机之间的通信非常可靠。人与人之间的通信通常不是这样的，说话的人把话说完，就以为完成了通信，并不管对方是否真的接收了我们传递的信息，或者理解了那些信息的含义。你会在一个单位里，比如你的学校或者暑期实习的公司里看到这样的情景，张三让李四去完成一件事，但是过了一段时间，发现李四根本没有开始做。并非李四不愿意做，而是他们之间的沟通出现了问题，李四根本就没在意张三说了什么，或者没有听懂张三的意思。很多时候，工作中的争吵就是由这样的小误会引起的。解决这些问题的根本方法，就是进行有效的沟通，确认对方明白了你的意思，然后确认对方是答应你了，还是拒绝你了，不论什么结果，你总要有结论，到此，通信才算结束。我们要随时牢记，通信要以确信对方真正接收到了你传达的信息和信息的含义，才算结束。

既然沟通要以对方了解你的意思为目的，那么在表达自己的意思时，就需要在你和对方共同认知的基础上讨论那些问题，或者说，要用对方能听得懂，马上理解的语言进行讨论。你会发现有些老师讲课好，因为不论课程有多难，你们都听得懂，而有些老师讲课就差很多，因为他自顾自地讲，你们根本听不明白。后

第 25 封信
达到沟通目的的才算有效沟通

者犯的一个错误就在于，他以为听众在讲述的课程上，都和他处在同一个认知水平，完全用自己能理解的语言在讲，而不是用对方能懂的语言讲述。如果你和外国人讲一个道理，最好的方法就是举他们熟悉的例子，而不是自己知道，他们不知道的例子。中国的顾维钧先生是一个很优秀的外交家，他在 1919 年的巴黎和会上向西方国家的代表讲述山东省对中国的重要性（当时日本想把山东省变成它的殖民地），用了一个很简单的例子大家就都明白了。顾先生说，孔子对中国人来说，相当于耶稣对西方人一样重要。西方人一直把耶稣的出生地耶路撒冷作为圣地，并且上千年了一直要夺回那个地方。山东是孔子的出生地，它在中国人心中的地位就相当于耶路撒冷在西方人心中的地位。他短短的几句话，就把意思说明白了。对方能听懂，不是因为对山东和孔子有多么熟悉，而是因为熟知耶路撒冷和耶稣。好老师讲课，从来是把深奥的道理简单地表达出来，而不是反过来，把简单的事情复杂化。

与人沟通，切忌啰唆。很多人认为，自己讲的越多，对方接收的信息也越多。其实，如果废话太多，对方根本搞不清你要说什么，沟通的效果为零。更何况在通信中，多少会有点儿噪声，话多了，难免词不达意，让人误解，这就是噪声。任何好的沟通，需要清楚对方是谁，用什么样的一两句话能够让对方理解你的

态度

意图。

60年前（1957年），大家对半导体没有什么了解。罗伯特·诺伊斯要说服谢尔曼·费尔柴尔德投资他们8个人（硅谷著名的8叛徒）做半导体，虽然费尔柴尔德自己也算是一个科技行业的老兵，但是要理解导体和半导体的差别、半导体做的晶体管有什么用途，还是相当困难的。诺伊斯要想说服他，就需要用一番简短的，费尔柴尔德一听就懂的话来说明。诺伊斯是这样说的：

> 这些本质上是沙子和金属导线的基本物质将使未来晶体管材料的成本趋近于零，于是竞争将转向制造工艺。（如果费尔柴尔德投资）你将赢得这场竞争。届时，廉价的晶体管将使消费电子产品的成本急剧下降，以至于制造它们比修理它们更便宜。

诺伊斯几句话就道出了即将来到的信息时代的商业特点——值钱的不是材料，而是上面的知识附加值。费尔柴尔德显然听懂了诺伊斯的话，并决定给诺伊斯等8个年轻人投资。后来费尔柴尔德回忆自己愿意在62岁的"高龄"做风险投资时说，他是被诺伊斯描述的晶体管的前景打动了。

综合上面两个例子，我们还可以得到一个新的结论，就是说

第 25 封信
达到沟通目的才算有效沟通

话要看对象。同样的道理，对不同的人说，要用不同的说法。每次别人请我做报告时，我总是要问问听众是谁，了解他们有什么样的知识背景，以便使用他们最容易接受的说法。

与人有效沟通，重点不在于证明自己正确，而在于达到沟通的目的。很多人善于辩论，当时似乎讲得对方无话可说，甚至接受了他们的观点，但是事后别人一想，觉得好像被忽悠了，反而产生了很大的逆反心理。这种看似成功的沟通，其实是彻底的失败。很多时候有的人觉得，明明当时已经说服了对方，怎么没过多久对方就改变主意了。其实，根本不是对方改变主意了，而是他们从来就没有被说服过。在说服别人方面，花言巧语和雄辩的口才，永远比不过确定的事实。

今天写的内容有点儿杂，概括一下其实就 4 句话。

第一，有效的沟通要以对方的确认为准，不要以为话说出去了，别人就一定接收了你传递的信息。

第二，要以对方听得懂的话来沟通，切忌卖弄自己的知识，把简单的问题讲复杂了。

第三，沟通要简洁，切中要害。为了做到这一点，要对不同的人要说不同的话。

第四，善辩不等于好的沟通，沟通的目的是让对方接受自己的想法，而非把对方驳得哑口无言。

态度

　　总的来讲，有效沟通很重要，特别是在你毕业后要进入职场的时候。因此，平时可以看看自己在同别人沟通时，是否效果越来越好，不断进步。

你的父亲

2017 年 3 月

第 26 封信
如何体面地拒绝别人

> 梦华来信说了工作的一些事情,提到有人总占别人便宜。我的太太读了我的《硅谷来信》中的一篇内容,恰巧谈到了如何体面地拒绝别人,觉得应该让梦华也读读。针对她的具体情况,我将那封信重新写了一遍。

梦华:

前几天你说在单位里有一个同事总是自己不做事,让你帮他做。如果拒绝他,似乎也不好,问我该怎么处理。事实上,你问的问题涉及处理人际关系时一个非常重要的原则和技巧。恰好几周前我也遇到过两件类似的事,我先给你讲讲我遇到的

态度

情况。

一位朋友托我给他的朋友的孩子联系谷歌或者腾讯的实习机会。我看了看那个孩子的材料，直接就回绝了。我对他说，如果我还在腾讯或者谷歌工作，帮这个孩子投一下简历是没有问题的，人力资源部门和招聘部门可以根据实际情况客观地做判断。但是，我现在已经离开了这两家公司，投简历要找我里面的朋友帮忙。如果申请者的情况比较好，我的朋友在帮忙时不会为难。但是，如果情况不好，这件事会让我在谷歌和腾讯的朋友为难，即使他们帮忙，也未必有用，人力资源的人还会觉得他们看人的水平太低。我的那位朋友表示理解，就没有再提这件事。

第二件事情况一样，一位朋友托我帮他的侄女给谷歌投简历，我看了那个女生的简历，是从普林斯顿毕业的，成绩很好，专业也对口，完全符合谷歌招人的要求，于是就马上找了我在谷歌内职级很高的朋友。很快，那个女生就接到了谷歌的电话面试，后来她也很争气，一路过关斩将拿到了谷歌的邀约。

最后，第二个朋友很感激我，而第一个朋友也没有因为这件事怪罪我。因此，我给你的第一个建议是，如果能帮别人，就应该帮，但是如果很为难，就不要勉强，要在第一时间告诉对方你帮不了忙，这样他们会赶快想别的办法。

很多人对于自己办不到的事情不好意思说不，于是他们采用

第 26 封信
如何体面地拒绝别人

拖延的办法，希望时间长了，对方自动就知难而退了，不再来烦自己，这样避免面子上不好看。还有人说，能帮多少是多少，最后帮不成，没有功劳，还有苦劳，对方也就接受这个结果了。这种思维方式非常要不得，害人害己。害人就不用说了，对方没有得到否定的回答，可能真的抱有希望，本来能想别的办法，反而没想，最后事情被耽误了。这种情况一旦发生，再好的朋友关系也会危险，这就是害己。

很多人不愿意说不，还有一个原因，就是错误地估计自己的作用。其实很多时候，我们不要把自己想得那么重要，别人在求你的同时，未必就觉得你一定能够把事情办成，通常还会求其他人。很多人害怕一旦拒绝对方，对方就没有希望了。实际情况通常是，对方比你更清楚这件事办成的可能性很小，没有我们想象的那样脆弱。因此，如果办不到，就千万不要轻易许诺，拒绝别人并不丢什么面子，答应了不去做，或者做不到，才丢面子。

每次别人请我帮忙，我通常会先把对方的请求分成4类，然后大致按照下面的原则采用不同的处理办法。

第一，能力不及，不能帮上忙，直接在第一时间委婉拒绝。第一时间告诉对方的原因，我刚才已经讲了。

第二，能帮上忙，但是却不想帮，因为自己的代价太大。如

态度

果不想帮，就不要勉强自己，但也要及早通知对方。

你所说的情况就属于这一种。如果那个同事偶尔让你帮他做点儿事，这没有什么关系，但是如果他经常请你帮忙，以致影响你的工作，这样就会损害公司的利益，这种忙你不应该帮。

第三，不论多困难都愿意帮，而且极有可能办成。这时，就答应对方，然后就全力去做。

过去我在国内有一位老领导，当年对我照顾有加。后来，他的女儿要到约翰·霍普金斯大学读书，希望我帮忙推荐。我知道这件事情很难办，坦率地讲，她的成绩平平，在国内上的大学也不是清华、北大那种。但是，因为过去这位领导对我不错，这个忙我得帮，因此费了九牛二虎之力帮她申请成了，还给她申请到一笔不菲的奖学金。当初我答应他帮忙，多少还有点儿把握，毕竟当时我已经是该校计算机系的顾问了，能直接给系主任写信。我一般在答应帮这样忙之前，会做一个简单的判断，这件事能否做成。我判断的原则是，如果做成这件事的难度是 X，而我的能力和面子有 3X，我就答应下来。为什么需要这么高的保险系数呢？因为办事时，可能遇到很多意想不到的麻烦，我们本以为自己能做到，最后发现能力不及，这时再告诉对方办砸了，不仅害人，而且有损和对方的交情。一旦答应下来，就全力去做，通常是能做成的。帮人不在于次数多，而在于成功率

第 26 封信
如何体面地拒绝别人

要高。

第四，虽然愿意帮，有可能帮上，也可能帮不上。这时，要将自己的实际情况告诉对方，千万不要轻易许诺，不要拍胸脯。

遇到这种情况，最好的办法就是把实际情况告诉对方，表示自己会全力帮忙，但是可能性不大，让他早做准备。几年前，有一位朋友因为孩子申请美国大学，请我帮忙看看能否写推荐信。我对他的孩子并不了解，因此这种情况下帮不了什么忙，不过还是希望帮他在美国联系一所说得过去的大学。于是我把自己的考虑和他说了，明确告诉他以那个孩子的成绩，上好的私立大学是不够的，但是上排名 20 多的公立大学还有希望，然后我打电话问了孩子几个问题，算是对她的一个面试。根据这些信息，我就写了一个详细介绍，给了相应的大学。最后，果然她最心仪的几所大学都没有录取她，但她还是进了一所二流公立大学。

在和人交往上，真诚是最重要的。只要守住这一点，大家并不会怪你讲话耿直。相反，老是耍小心眼儿，既想让人感谢你，又不想花大力气，既想在别人面前显得无所不能，又没有能力办成对方要求的事，这样的做法违背我们做人的原则。

接下来，在帮助别人方面，切忌做下面这 4 件事。

态度

第一，为了显示自己的能耐吹牛皮。有时，这不是丢面子，而是害自己。在中国有一位媒体人爱吹牛，动不动就说自己认识什么领导，能把一些事情摆平，然后收取一些企业家的钱。当然，最后那些给他钱的企业家因为事情没有办成，直接把他告发了。这种吹牛的人，害人害己。

第二，对于做不到的事情，提出给人廉价的补偿。我在谷歌遇到一些人对托他们帮忙找工作的人说："我们公司没有合适的职位。这样吧，我还认识微软的人，我帮你把简历转给他们吧。"其实谁都不傻，这种敷衍了事的做法大家一眼就看穿了。如果你帮不了忙，直说无妨，不用因为不好意思而替别人做主。

第三，帮忙的时候指望回报。你的面子是一个常量，用一次就少一次，用完了，要很长时间才能攒起来。因此如果觉得帮别人忙太勉强，要用掉太多的面子，帮不帮要先想清楚。很多人帮完别人，总觉得自己用了很多面子，对方又没有感谢自己，心里不平。如果是这样，这种忙宁可不帮。

第四，帮违反原则的忙。善良是一个人性格里极好的一面，然而善良并不等于不辨是非，善良不等于没原则。比如有人找你抄作业，或者让你帮忙写论文，这种事永远不能做。人要学会坚持原则，这样才不会被坏人利用，也不会给自己惹麻烦。

至于你如何回应同事的要求，我相信你是聪明人，能够讲

第 26 封信
如何体面地拒绝别人

清楚。

　　祝工作顺利！

你的父亲

2017 年 10 月

　　梦华的一个同学也遇到了需要拒绝别人的问题，她将这封信转给了那个同学。

第五章
有效学习

态度

第 27 封信
上帝喜欢笨人

> 梦馨做数学作业一直比较偷懒，书写凌乱，跳步骤。在学习简单的内容时，这种习惯的影响看不出来，但是开始学习解析几何之后，这个习惯带来的问题就显现出来了。经过一次谈话，她并不能够完全理解按部就班做事的必要性，因此我把自己的想法以书信的形式，郑重地告诉她。

梦馨：

最近看了你的数学考试卷子，发现有不少所谓粗心的错误，而出错的原因其实不应该简单以不小心（或者粗心）来解释，来搪塞，而是有两个根本原因。一是你其实没有理解透彻一些基本

态度

概念，二是因为你做题的方法有点儿问题，喜欢跳步骤，这样会导致出错。当然，你和我讲，如果每一步都写，会花很多时间，以致做不完所有的题。事实上，写字的时间永远不会占考试很多时间，而如果因为缺了一个步骤看不明白，额外花时间思考，那可比多写两行字花的时间多。当然，我今天不和你讨论时间的问题，我认为在做数学题时，按部就班的笨办法常常是好办法。

你知道我每个周末都会花时间手工整理投资信息，而不是用计算机上面的各种工具自动生成报表。为什么我要用这个笨办法呢？主要原因有两个。首先，如果使用计算机整理，虽然看似省时间，但是我就不会去思考。做任何工作，都需要总结、反思，才能进步，手工工作的过程，就是一边整理，一边思考的过程。类似地，我也不主张你在做数学题时过多使用计算器，道理是一样的。其次，你可能想不到，手工处理信息，由于花时间，使得我不能过分频繁地投资，这可以让我关注少数重要的投资，以及把目标放长远。相反，我周围有些投资人，每周会投资一家公司，估计一年下来哪些投了，哪些没投，连自己也说不清，其效果肯定无法保障。今天，我和你谈做题的笨办法，不仅希望你在做数学题时记住这一点，在做其他事情时，也永远不要投机取巧。记住一个道理，在这个世界上，上帝喜欢笨人。

上帝喜欢笨人这句话，你经常听我讲。事实上，你也知道，

第 27 封信
上帝喜欢笨人

我平时做事情也是如此。几天前，我白天因为忘了寄税表，虽然说可以第二天下班时顺便去邮局寄一趟，但是我还是晚上专门开车去了邮局，前后花了一个小时专门把这件事给办了。你问我为什么不在手机上设置一个提醒，到时候记着顺便去就可以了。我和你讲，根据我的经验，我很多想顺便做的事情最后都是丢三落四，而万一耽误一点儿事情，可能损失很大，因此我宁可采用笨办法，并且让它成为我做事的原则。

到目前为止，我的运气还算不错，一直算是顺风顺水，这个运气是从哪里来的呢？主要因为我承认自己比较笨，而所幸的是上帝喜欢笨人。

上帝为什么喜欢笨人呢？原因很简单，上帝不喜欢比自己聪明的人。这其实反映了一个人是否对自己的能力和本领有正确的认识。如果一个人觉得自己很了不起，觉得自己总是对的，觉得自己什么事情都能做到，那么无意中就会认为自己高上帝一等。事实通常是，人会高估自己的能力，以致不断犯错而不自知，而错误带来的结果，就是各种惩罚，包括很差的考试成绩。反过来，如果觉得上帝比自己聪明，自己不过是在上帝划定的范围内做事，这样看起来自己显得比较笨，但是，事实上由于自己兢兢业业，诚惶诚恐，比别人花了更多的时间，同时避免了很多导致失败的意外，反而可能会取得一个好结果。也就是说，得到了上帝的垂

态度

青。具体到考试上，老老实实写步骤，就是承认自己没有上帝聪明，一方面避免了很多错误，另一方面有错误也容易发现，最后反而取得好成绩。

上帝喜欢笨人的第二个原因是，笨人不懂得打擦边球，不懂得把利益最大化，因此凡事要留很大的余量，而当发生一些意外情况时，那些余量就会起作用。你经常会在机场看到有些人在安检口请求前面排队的人和工作人员让他们先进去，因为他们的登机口很快就要关闭了。或许大家出于同情让他们进去了，这样从表面来看他们节省了时间，但是经常占这种边际的便宜（打擦边球），早晚有一天会误了飞机，误一次飞机的损失，恐怕占几十次便宜都补不回来。我们每次出门上学，都多留三五分钟。我常常和你讲，最后5分钟不是你的，是上帝的，就是这个道理。因为即使遇到很坏的交通情况，你也能准时到学校。这就是笨人获得的运气。当然，为了提前5分钟出发，你每天需要早起5分钟，这就是代价。类似地，如果你在数学考试时能多出5分钟，那么我相信成绩会更好些。当然，这需要你花额外的工夫，就如同你要早起一样。

当笨人的另一个好处是能够有更多的朋友。你可能注意到了，在争取我们该得到的一些权益时，我是不会让步的，但是在很多"小钱"方面，我比较随意，甚至很少讨价还价。或许是因为

第27封信
上帝喜欢笨人

如此，大家很愿意和我交往。我的这个经验是很多年前在中关村做生意的时候学到的。在我读书的时候，也和很多人一样，不喜欢吃亏，总要显得比别人聪明，好像这样才能把事情做成、做好。但是在做生意时，我发现生意场上从来就不缺乏所谓的聪明人，但是大家想尽办法，绞尽脑汁，也未必能做成生意，做不成生意自然不可能挣钱。倒是有些傻傻的人，经常有生意可以做。后来我想，这个道理也很简单。比如我问你："你是喜欢和聪明人做生意，还是和傻子做生意呢？"你恐怕会告诉我是后者，因为你觉得傻子的钱好挣。如果很多人都这么想，那么笨人做成生意的机会就多了。从那以后，我恪守一个原则，不论对方挣多少钱，我只挣自己那一份就好，不要贪图对方的任何一点儿利益。这样一来，生意就能持久。你和小朋友交往时，也不必怕吃亏，和小朋友换东西时，多一点儿少一点儿也没有关系，因为如果每一次都是你占了便宜，时间一长，小朋友就不愿意再和你打交道了。通常，别人觉得你老实，就很放心地和你做朋友，觉得你太聪明了，就会害怕和你来往。

此外，我还有一个宿命的想法，上帝给每个人的福祉是一个常数，在一个方面要求过多，就会影响其他方面的福气。迈克·马尔库拉是最早投资苹果公司的人，并且担任过苹果的董事会主席。他曾经占到苹果股份的30%以上，如果他将这些股份留到今天，

态度

大约是 2000 亿美元，他就是全世界的首富了。但是，他很早就将该公司的股票卖了，一共赚了 10 亿美元。这当然也不算少，但只是今天价值的 0.5% 左右。大家都说他亏了，可他却说，我现在活得好好的，乔布斯虽然精明，赚的更多，却已经死了。

这个世界上，永远不缺聪明人。但是很多时候，聪明人做事情未必做得过笨人。我想是因为聪明人总想以一己之力做事，而笨人只好祈求上帝眷顾。事实上，上帝也确实喜欢眷顾笨人。

我知道今天给你讲的这个道理，你未必能一下子听懂，但是你要记住上帝喜欢笨人，以后慢慢会深有体会。

希望你下一次能够考得比这次好！

你的父亲
2017 年 11 月 20 日

第 28 封信
证伪比证实更重要

> 在进入高年级后,梦华开始参与一些教授的研究项目。她写邮件询问有关大学研究的事,这封信是给她的回答。

梦华:

你上次问我怎样做研究,你是否适合做研究。这个话题太大,我只能给你一些自己的理解,供你参考。至于你是否适合做研究,一来看你是否喜欢,二来看你是否适合做这样的工作。

研究科学,要讲究科学方法,它的重要性甚至比努力和用功更重要。人类从文明开始以来,并不缺努力用功的人,但是在过去,科学的成就大多是靠个别天才的工作,具有很大的偶然性。

态度

像阿基米德、欧几里得、伽利略或者牛顿这样的人，过去几百年才能出一个。但是，科学到了近代仿佛在一瞬间就开始突飞猛进，这就和科学方法有关了。

早期总结科学方法的集大成者当属笛卡儿。你在高中的时候学习过他的解析几何，因此在你们的印象中他是一个数学家，这一点确实没错。但是，他作为哲学家和思想家对世界的贡献更大，因为人们后来按照他总结的科学方法做事情，科学成果不断涌现。

你过去在画画时，先要感知所画的对象，做研究也是如此。笛卡儿首先强调感知的重要性。他举过这样一个例子，一块蜂蜡，你能感觉到它的形状、大小和颜色，能够闻到它的蜜的甜味和花的香气。你必须通过感知认识它，然后将它点燃（蜂蜡过去常被用作蜡烛），你能看到性质上的变化。它开始发光、融化，把这些全都联系起来，才能上升到对蜂蜡的抽象认识。这些抽象认识，不是靠想象力来虚构的，而是靠感知来获得的。在你小的时候，我经常带你到世界各地旅游，一个很重要的目的就是让你感知这个世界。你将来做研究，要做实验，这就是对现象的感知。

当然，对于深入的知识，仅仅通过感知是无法发现的，因此需要一整套方法。笛卡儿把科学的研究方法总结成4个步骤。

第一，提出质疑。永远不要接受那些自己不清楚的真理。笛卡儿说"怀疑一切"，虽然这种说法有点儿过头，但是他强调的是不迷信权威和权威的结论，是科学发展的条件。任何没有经过自己研究、自己搞懂的结论，都应该怀疑。对于现有结论的怀疑，会让你在脑子里形成新的想法。人可以有很多想法，或者说假设，但是对于自己的想法，也不要轻易得出结论。

第二，小心求证。笛卡儿有句名言——"大胆假设，小心求证"——就是这个道理。我们在得出结论之前，要做充分的研究、分析和总结工作，这样的结论才站得住脚。很多人根据一两个观察现象，匆匆得出结论，后来常常被发现是以偏概全，这样的工作态度在科学上是走不远的。世界上那些著名的期刊，每年都要撤掉很多篇已经刊登的论文，主要原因就是写论文的人不严谨，在给出结论时太草率。

第三，对于复杂的问题，尽量分解为多个简单的小问题来研究，一个一个地分开解决。对于这些小问题，应该按照先易后难的顺序，逐步解决。解决每个小问题之后，再综合起来，看看是否彻底解决了原来的问题。在早期研究中，包括在笛卡儿那个时代，还原回原先的问题不是很困难，我们把这种情况称为整体等于部分之和。但是进入20世纪后，人类面临的问题越来越复杂，整体不再等于部分之和。在第二次世界大战之后，出现了系统论，那是一个新的研究问题的方法，就是需要对复杂的问题做整体性考虑。这种方法只有在具体的工作中慢慢体会，特别需要好的导师指导。

态度

第四，当我们从问题出发，通过实验得到了结果之后，需要合理地解释结果，并从一般性的结果上升到结论，最后将结论推广并且普遍化。当然，当从有限经验里得到的结论被推广之后，又会出现新的问题、新的解释不了的现象，这就形成了新的问题。对于它们，再按照上面的过程进行新一轮的研究，如此循环往复。

你可以这样理解科学家工作的本质，他们在上一次循环的基础上，发现问题，解决问题，形成自己的力量，这其实是一个新的循环。这时，他们也把一些问题留给后人，继续完善和发展他们的理论。因此，科学没有绝对的正确。科学家的工作，不过是在某一个层次上的进步。从近代开始，科学家有意识地使用了上述方法，才使得科学的进步成为一种常态，并且不再依赖一两个天才。因此，如果你能渐渐体会和使用科学方法，不仅对做研究有益处，将来在其他方面遇到问题，也能大致清楚解决问题的方法。

对于科学而言，重要的是过程，而非结论。科学的结论会有过时的一天，但是科学的过程能保证各种新知不断被发现。在这个过程中，通常发现问题比解决问题更重要，能发现问题的科学家才是一流的科学家。

今天，很多人依然将科学等同于正确，这是不对的。有这种想法的人，倒更像是把科学当作了宗教。宗教强调相信，对于上帝的存在，毫不怀疑地相信，这是宗教。科学必须是能够被证实

第28封信
证伪比证实更重要

（证明是正确的）的，或者被推翻（也就是证伪）的。不能因为没有被证明是错误的，就认定它是正确的。在科学上，证实一件事的过程要以相关的事实为依据，从证据到结论的推理要符合逻辑。因此，一件事是真是假，就不会因为提出者的权威性而变得更正确。在科学上，一个博士学者提出的命题，在没有被证实之前，并不比好奇小孩提出的命题更正确。证实的过程也不是引经据典，或者使用权威的论证报告。你在媒体上会经常看到这样的报道，"上百名科学家联名反对特朗普总统的某个决定"。这些媒体的记者缺乏科学精神，他们的潜台词是科学家比常人更代表正确，几百名科学家就更加接近真理，如果他们的建议和总统的做法不同，一定是后者出错了。事实上，在科学面前，人人平等，谁对谁错要用科学的方法去证实。今天我们在谈论中世纪末期时，会嘲笑当时的经院哲学的学者缺乏科学精神，因为他们常用的证据就是"亚里士多德说"《圣经》上说""托勒密说"等。今天很多媒体记者的行为比那些经院学者好不到哪儿去，他们依然不懂得，再多权威的话都不足以证实一个命题。

科学不仅要能被证实，而且还必须具有可证伪性，是否可以用经验证伪是科学与非科学的分界线。要理解可证伪性，只要看看什么是不可证伪的就可以了，比如：

第一，上帝的存在性。这件事，我们没有办法验证其真伪，因此我们说这个问题不是科学问题，而是宗教问题。

第二，永远正确的结论（逻辑上叫作重言式），比如 1 + 1 = 2，这是定义，不是科学。如果你明天把"1 + 1"定义为 3，那么 1 + 1 = 3 也正确，因为定义总是正确的。

第三，列举了所有的可能性，比如"明天可能下雨，也可能不下雨"，因为它总是正确的，无法证伪。

第四，从错误的前提下可以得出任何结论。因此，虽然这些结论可能是正确的，但是这样的论证方法在科学上毫无意义。比如"如果太阳从西边出来，海水就会沸腾"。这个命题无法证伪。当然，在现实中没有人会在论文中写这样的话，却有不少人不小心使用了错误的前提。

为什么证伪比证实更重要呢？因为对于一个现象，我们总可以找到一个能自洽的理论解释它。类似地，对于几乎任何一个结论，我们都很容易找到几个例子来佐证。如果有人说比重轻的物体会先落地，这个结论并不正确，但是他可以举出一堆例子证实。也就是说，仅仅证实是不够的。很多时候，我们自认为的那些自洽的、被证实的理论，或者自认为找到的原因，可能不过仅仅是一种可能合理的解释而已。随着我们得到更多的数据，有了更深入的了解，就会发现我们的理论是漏洞百出的。

去年我读了一本经济学家写的书，他的观点很奇特，因此销

第 28 封信
证伪比证实更重要

量很好，但是很多观点并不被主流学界认同，因为很多结论难以证伪，经不起考验。书中有这样一个例子。

在 20 世纪末，纽约的犯罪率大幅下降。纽约的这个变化其实我有切身感受，1996 年，我在纽约过圣诞节时，几个大男人晚上都不敢轻易出门，而且满街是色情小亭子，酒吧常常就是脱衣舞厅，市容更是乌七八糟，满墙是涂鸦。2000 年春，我一个人在纽约，晚上独自出门，一点儿也不用担心，城市干干净净，所有的色情场所被清理干净，"大苹果"还有点儿浪漫的韵味。短短几年就有这么大变化，大家就来分析原因了。各种人提出了不下 10 种原因，几乎每一种都有一些证据支持，但也都不是很让人完全信服。

前面提到的书中给出了一个颇为新颖的解释。从 20 世纪 70 年代起美国堕胎开始合法化，导致非婚生孩子减少，而在美国，单亲家庭的孩子是犯罪率较高的群体。这个说法显然能自洽，可以说是用纽约的例子证实了他的理论。这种说法对不对呢？只要反过来想这个问题，看看能否将它证伪就可以了。

堕胎药的作用恐怕需要一代人才能显现出来，不可能三年半就见效吧？另外，美国其他城市的犯罪率并没有明显下降，仅仅纽约下降明显，因此堕胎药未必是主要原因。

此外，虽然美国从 70 年代堕胎开始合法化，堕胎率增加了，但是非婚生子女的比例并没有减少，在过去 30 年，拉丁裔单亲家

态度

庭的比例还在不断上升，非洲裔则持平，没有减少。

另外，美国真正的堕胎率高峰是 1980—1995 年，大约是 70 年代的三倍。按照这个理论，2000 年之后纽约的犯罪率应该进一步大幅下降，但这并没有发生。

另一个说法是纽约从 1996 年开始大规模安装摄像头，犯罪分子不敢作案了。这个说法听上去也有道理，能够自洽，但是本身也很难证伪。如果放到更长的时间和空间里，它就可以证伪了。

在时间上讲，纽约大规模安装摄像头是 2001 年"9·11"事件之后的事，而纽约市犯罪率大幅下降是 1994 年的事。如果往后看，到 2005 年，纽约市的摄像头比"9·11"事件之前多多了，但是犯罪率下降并不明显。从空间上讲，芝加哥、巴尔的摩和圣路易斯都安装了摄像头，治安从来不见好转，反而变差了。

真正比较有说服力的原因是，从 1994 年到 2001 年由铁腕市长朱利安尼当政，他强力打击犯罪，清理城市。纽约过去有一个让司机非常头疼的问题，一群非洲裔男子在红绿灯处为停下来的车强行洗车，强行要钱。这种事情是明目张胆进行的，和安没安摄像头没有关系。

朱利安尼当市长后，对这种极小的犯罪也照抓不误。另外，对那种往大楼外墙上泼墨的行为也是见一个抓一个。纽约开始驱赶妓女，打掉妓女组织，把嫖客信息登报。对于市民也严格要求，

第 28 封信
证伪比证实更重要

公共场所禁止吸烟，使得社会风气开始好转。

你可以在网上查一下纽约的犯罪指数，它从 1994 年开始大幅下降，到 2001 年基本上稳定在今天的水平。此外纽约在全美国的犯罪率排名，在 1993 年之前，一直排在前三位，到 2001 年，降到了第 16 位，之后变化不是特别大。也就是说，纽约的进步和朱利安尼当政直接相关，此前此后都没有改进，甚至在倒退。

人很多时候会把错误的原因当成真正的原因，这不仅体现在研究中，也体现在生活中，这就不多说了。总的来说，如果你做研究，一定记住科学方式比科学结论更重要。只要掌握了好的方法，成功就是大概率事件。

祝研究愉快！

你的父亲
2018 年 4 月

梦华在大学里对科学研究的兴趣比过去大多了。虽然她并没有想好将来是走学术道路，还是进入工业界，但是会读一个研究生学位尝试着做一些科研，看看自己是否适合做学术研究，对此是否能有长期兴趣。

第 29 封信
做理性的怀疑者

> MIT 的很多学生一直在嘲笑特朗普总统缺乏科学知识,他的女儿伊万卡在电视节目中表现出的数学能力也让大学生们难以恭维。在 MIT 等大学里,特朗普是一个坏典型,而且因为学生们不喜欢这个人,对他的政策也一概反对。梦华写信讲了大家的看法,那些看法既反映了年青一代的知识精英对科学的热衷,也反映了他们清高和考虑问题简单化的一面。这是我对她说的这种现象的点评和看法。

梦华:

你上次讲到你的同学们嘲笑特朗普总统缺乏科学知识,进而

态度

反对他的很多政策，甚至只要是特朗普总统赞同的，就一定要反对。我觉得，这种做法正好反映了你的很多同学还太年轻，不仅对很多事情缺乏判断力，高估自己的学识，而且自身缺乏一种科学态度。当然，我知道指望18~22岁的学生成熟起来不容易，这个年龄段的人有表达自己不成熟思想的权利，但是希望你清楚，科学远非你们想的那么简单，而你们甚至你们的老师对科学的理解都可能有误。

今天我和你谈谈我对科学的看法。

首先，科学不代表正确。

什么是科学？从广义上讲，人类任何一种能够自洽的知识体系都可以被看成科学。按照这个定义，数学、历史学，都可以算是科学。从狭义上讲，科学是指源于古希腊，建立在严格逻辑推理之上，后来在近代西方科学方法基础上发展起来的，可以证实和证伪的完整体系。按照这个定义，数学并不是科学，因为它是建立在假设前提基础上的，而历史学也不是，因为它无法证伪。但不管是广义上的科学，还是狭义上的科学，它们都注重一点，就是看重方法和过程，而不是结论。

为什么过程和方法比结论重要呢？因为得到一个正确的结论很容易，很多事情蒙一下还有一半蒙对的可能性。我在家的时候和你说过，不能走的机械钟，一天还能准确报时两次。很多人炒

第 29 封信
做理性的怀疑者

股,总是赔钱,偶尔赚一两次钱,就把自己当股神了,其实,不走的钟的表现可能比这些"股神"更好。因此,仅有结论是不行的,需要一套方法能够不断地发展科学,才是正道。在科学上,我们强调坚持实证精神,强调实验结果的可重复性和可验证性,强调要不断推翻过去的权威这种思想,因为有这样知识的积累才能叠加,人们才能在前人的基础上不断进步。

人们通常对科学的一个误解就是把它等同于正确,把正确等同于有用。很显然,正确不等于有用。如果你说明天要么下雨,要么不下雨,这当然正确,但是毫无用途。类似地,正确和科学也不能画等号。牛顿的万有引力定律在宇宙的尺度上并不正确,或者说不准确,但这并不能否定它的科学性。类似地,一个巫医通过烧香治好一个绝症患者的病,并非他的做法就有科学性。科学是方法和过程,相信你对于这一点的体会会越来越深。

其次,科学是不断发展的,没有绝对正确和绝对真理。

既然科学是一个人认识世界的过程,随着我们对世界认识的加深,就会发现之前的一些认识可能是肤浅的。因此,真正有学识的科学家总是对世界和世界的规律充满敬畏,而不会说他们代表正确,只有宗教人士才会说他们手里握有绝对真理。

如果你认可了这个道理,我们再往前走一步,就能得到这样一个结论:科学家并不高人一等,也并不比别人更接近真理,因

态度

为真理是客观存在的，一个人并不会因为学历高、职位高就能更接近真理。因此，如果谁因为自己是 MIT 的学生，就嘲笑学习商业出身的特朗普，进而否定他的所有政策，则是非常肤浅可笑的。事实上，虽然特朗普的科学知识不如你们，更不如你们的老师，但恰恰是这位被很多所谓的知识精英看不起的总统，知道科技的作用，致力于改进中小学的 STEM[①] 教育，并且在移民的配额上向学习 STEM 的外国学生倾斜。加州很多反对他的政客，一方面要把硅谷的成就算到自己头上，另一方面提出取消高中部分数学课程，以便让不努力的学生显得不是那么差劲儿。你的那些同学，对这样的政客没有提出一句批评的话，甚至有人还投票给了那些议员。可见，多学了几门科学课程，并没有树立一种崇尚科学的精神。这里我并不想批评你的同学，而是希望你在任何时候都要能够冷静地思考问题，保持自己独立的思想。

年轻人对科学有时会产生一种宗教式的狂热，这有它的好处，因为很多重大的科学发明就是这么做出来的。但是，我想提醒你的是，人的认识是一个非常漫长的过程，而科学家也经常犯错误。这是我想说的第三点。为了让你有直观的感受，我给你讲两个

---

① STEM 是科学（science）、技术（technology）、工程（engineering）、数学（mathematics）四门学科的首字母缩写。——编者注

第 29 封信
做理性的怀疑者

故事。

第一个故事是关于霍夫曼发明的两种药。第一种药就是阿司匹林，100多年过去了，它依然是世界上使用最多的药。霍夫曼发明阿司匹林的动机很简单，就是消除他父亲风湿病的病痛。在霍夫曼之前，人们已经知道水杨酸可以镇痛，但是副作用太大，因此霍夫曼发明了乙酰水杨酸，副作用小了很多，这就是阿司匹林。当然，这种药依然有副作用，主要是对胃的刺激，因此他当时所在的公司，就是德国著名的拜耳公司，原本要停掉这种药。好在当时很多诊所的医生试用后发现它效果良好，拜耳公司才在两年后正式开始出售它。再到后来，人们发现阿司匹林对血小板凝聚有抑制作用，可以降低急性心肌梗死等心血管疾病的发病率。今天，它每年的消费量有4万吨之多。

然而，发明了这样一款了不起的药品的人，不仅没有得到世人的尊敬，而且还背负了本不该由他背负的道义责任，最后孤独而死，因为他在无意中还发明了另一种药——海洛因（Heroin）。

霍夫曼原本希望这种神经止痛药剂可以作为药效和成瘾性都较小的镇痛剂与止咳药物。在霍夫曼的时代，真正有效的止咳药或多或少都含有一些让人上瘾的吗啡，对人的危害较大。在海洛因刚刚被研制出来的时候，大家对它的副作用并没有什么认识，以为它不会让人上瘾，因此拜耳公司对此给予了厚望，给它起了

态度

一个非常响亮的名字——海洛因。你可能已经发现海洛因的英文名和"英雄"（hero）一词长得有点儿像。实际上，它还真的源于德语中"英雄"（heroisch）一词，因为当时不管什么病人，吃了海洛因会马上兴奋，有一种英雄般的感觉。

很快，拜耳公司以海洛因作为吗啡的替代品，制成一种止咳处方药出售。今天，我们知道海洛因其实是一种比吗啡更危险的毒品，而且如果采用针管注射的方式使用，只要两次就能上瘾，那么当初霍夫曼和拜耳公司是否知道这种危害呢？从目前能看到的所有资料可以肯定，他们当初真的不知道。实际上海洛因（二乙酰吗啡）和吗啡是两种不同的物质，化学性质和生物特性并不相同。拜耳公司也做了动物实验，并没有发现什么问题，而且根据当时实验的结果，证实它的药效是吗啡的4~8倍，也就是说，高效低毒。由于在市面上出售的止咳剂中的海洛因含量极低，因此海洛因在一开始的确没有给患者造成严重的成瘾问题。当时在患者身上发现的副作用，也仅仅是有些昏沉、眩晕等微不足道的不良反应，因此也没有引起整个医学界的重视。更糟糕的是，由于海洛因有很强的镇痛效果，医生发现它似乎对所有病痛都有效，于是，海洛因一下子就在欧洲普及开来了。直到1910年，当时的《大英百科全书》还把它作为无害的镇痛药。

其实海洛因在早期并没有造成严重的成瘾事件，因为它作为

第29封信
做理性的怀疑者

口服制剂，效果缓慢而持久，服用者并没有强烈的快感，只会觉得全身都很放松。当然，后来人们发现海洛因是比吗啡更致命的毒品，于是想禁止它，但为时已晚，害了无数人。

霍夫曼发明阿司匹林和海洛因都是出于善意的目的，但是有时候，善意未必会得到好结果，而人们全面认识一种药品的疗效和危害常常需要很长时间。当初说阿司匹林有害和海洛因无害的都是科学家。

科学家犯错误的原因，有主观原因，也有客观原因。主观原因除了自己的学识有限之外，还常常会被利益绑架，毕竟科学家也是人，他们的工作和银行职员、公司雇员、律师，甚至商人没有什么两样。此外，很多时候，事情远比想象的复杂，以至于在短时间里我们难以对它们有非常全面的认识。为了说明这一点，我给你讲一个我的约翰·霍普金斯大学校友的故事，这个人叫雷切尔·卡森。

1962年，卡森女士出版了一本改变世界环保政策的书——《寂静的春天》。在书中，她讲述了DDT（双对氯苯基三氯乙烷）对世界环境造成的各种危害。DDT是一种有效的有机杀虫剂，它对全世界粮食产量的提高厥功至伟，而且因为能够有效杀死蚊虫，在很多地区消除了疟疾这种可怕的疾病。研究DDT的穆勒也因此获得了1948年的诺贝尔生理学或医学奖。到此为止，全世界对它一

态度

片赞誉。

然而，后来人们发现DDT污染环境，危害很大，鱼类、鸟类乃至人类都是它的受害者。《寂静的春天》一书讲述的便是这方面的故事，这本书导致全世界对DDT看法的180度大转弯，世界各国逐渐开始禁止使用DDT。到20世纪80年代，DDT基本退出了历史舞台。

故事到此并没有结束，停止使用DDT之后，很多贫困国家的疟疾又开始肆虐。今天，非洲国家每年大约有一亿例疟疾新发病例，有100多万人死于疟疾，而世界上还没有比DDT更有效防治疟疾的药品。于是，一些学者又重新开始审视DDT的作用。2006年世界卫生组织重新允许非洲一些国家使用DDT对抗疟疾。从这个过程你可以看出，科学的结论未必都正确，因为人们的认识是不断深入的。

最后，我想和你说的是，千万不要把科学当成宗教。你可能会说："它们怎么可能被混淆呢？它们完全不同啊！"事实上，很多半瓶子醋的科技工作者和学生对待科学的态度和教徒对待宗教没有什么不同。宗教的三个特点在他们身上都能看到。一是盲从，对科学结论的盲从。二是道德优越感，觉得自己是搞科学的就看不起别人。三是喜欢相信书本上的教条和权威人士给出的结论。这些是教徒的习惯，但是你肯定能在一些自诩为搞科学的人身上

第29封信
做理性的怀疑者

看到，这偏离了科学的根本。希望你不要染上类似的习气，做一个理性的怀疑者，一个对未知的探索者。

祝学业进步！

你的父亲

2017 年 8 月 21 日

第 30 封信
为什么要读非小说类名著

> 半年前,我和梦馨的老师开家长会时,讨论了提高阅读水平的事。老师询问了她平时阅读的图书、杂志,建议她进入高中后,可以阅读更经典的一些图书。寒假期间,梦馨询问阅读非小说类图书的必要性,这封信是我的回答。

梦馨:

今天和你聊一聊阅读的问题。

两年前,我们在你的学校开家长会,谈到阅读的问题。当时,我问你的老师,是否需要给你指定几本非小说类的书读读。你的老师说,那时还早,由着你的兴趣来就好。于是在过去的两年里,你

态度

一直在大量地阅读小说，这让你的阅读速度变得非常快，理解能力提升了不少，而且你对阅读本身有了兴趣，可以说读小说是有用的。你在最近的一年里已经开始阅读《大西洋月刊》《外交政策》《经济学人》这些杂志，并且对斯坦福、MIT 或者约翰·霍普金斯的科技报道一直感兴趣，这也说明你通过阅读小说养成了阅读习惯和较强的理解力。但是仅仅阅读小说，甚至阅读一些严肃的期刊还远远不够。我觉得现在是时候让你读一些非小说类名著了。

为什么要阅读非小说类名著呢？除了增长知识外，我觉得还有以下 4 个好处。

第一，可以进一步提高你的语文能力，特别是理解力。

名著或者说经典，是经过了时间考验的。它们在思想性、文学性和逻辑性等方面，都堪称一流。阅读这样的图书，必将使你的语文能力有很大的提升。这种提升，会帮助你学好其他课程。名著的表达水平都很高，它们本身就应该作为你写作的范本。相比优秀的小说，这些非小说类的名著里面不会有华丽的辞藻，但是这些名著阐述的都是重要的问题，而且它们阐述观点的方法和步骤都堪称样板。这些分析问题的方法和写作方法是你必须学习的。

将来你不论做什么，都需要成为那个领域的专业人士。专业人士就免不了要写东西，而写出的东西，无论是简短的邮件，还是一份正规的报告，你都希望体现出自己的专业水平，而不是逻

第 30 封信
为什么要读非小说类名著

辑不通、含义不明的句子堆砌。此外，你一定希望将来自己写的词句足够优美流畅，被读者记住。要做到这几点，最好的办法就是看看别人是怎么写的。

第二，名著中常常充满了智慧。

世界上的人很多，观点也很多，对同一件事，你可以轻易地找出几十种不同的看法。但是，有些看法比较好一些，有些则充满了毒素。就拿对人生的看法来说，我觉得富兰克林的看法就充满了智慧，而这些在他并不厚的自传中讲得一清二楚。我知道你们的老师喜欢把你们往自由派的方向引导，但什么是自由，在一个社会中，公民和政府之间应该彼此遵守什么样的默契，这在卢梭和孟德斯鸠的著作中讲得一清二楚。

每一个被尊敬的民族都有自己的智慧，这些智慧，就写在他们相应的经典中。从《圣经》到中国的孔子和孟子的经典著作，从《孙子兵法》到《联邦党人文集》，都充满了智慧，里面的很多观点可以作为我们的行事准则。这些常常不是读小说或读杂志能够读到的。当你读那些经典时，其实就是在和过去的那些贤者进行思想交流，他们给你的智慧，甚至会超过你的老师和我们能给你的。

我年轻的时候有一段时间身体不好，人变得有点儿忧郁。帮助我走出困境的不是老师、同学和父母，而是尼采和贝多芬，当然我见不到他们，只能读尼采的书，介绍他们二人生平的书，以

态度

及听贝多芬的音乐。你可以看出，经典对人的影响可以有多大。

第三，阅读名著是系统地了解一种思想的捷径。

虽然严肃杂志上的文章质量非常高，但是由于篇幅原因，只能讲一个具体观点，前因后果通常都被省略掉了。没有上下文，一个孤零零的观点，形成不了知识体系。这些观点，只有放到一个完整的知识体系中，才能理解它们的地位和意义。此外，杂志社为了让不同的观点相互争鸣，形成一种讨论氛围，常常把不同的观点放在一起，而且它们喜欢刊登具有观点代表性的文章，那些文章是不可能中庸的，一定是观点要偏向某一边。如果你之前对某些知识缺乏一个大致的了解，读了那些文章后，会以偏概全。相比之下，那些优秀的图书，在知识的完整性方面，做得更好。

我对数学和科学的兴趣，在很大程度上是因为读了伽莫夫的《从一到无穷大》一书，它让当时只有10岁的我对数学有了比较全面的了解。我对最新科学的兴趣，在一定程度上是因为读了霍金的《时间简史》，它让我对宇宙大爆炸理论有了全面的了解。在此基础之上，我再读相应的科学杂志，才会有更深刻的认识。如果我对宇宙大爆炸理论没有整体的了解，读了很多零碎的观点，那么我的认识不仅不完整，甚至会有严重的偏差。

接下来和你谈谈怎样读经典。

经典通常不好读，甚至有些晦涩难懂，因此在一开始的时候，

第 30 封信
为什么要读非小说类名著

经典未必能读得很快，而很长时间读不完，又容易失去兴趣。怎么办？我觉得有两个办法，或许能帮助你解决这些问题，这两个办法概括来讲都是从易到难。

方法一，先读一部经典的介绍，或简写本和精彩章节的节选，慢慢了解了它的内容，再整篇研读。你和姐姐最初阅读文学名著，都是从家里那 20 多本简写本开始的，一部 20 万字的小说，被简写成了 3 万字，而且文字简单，你们就都读了下来。

方法二，先快速通读一遍，了解大致内容，在重要的地方做一个标记，回来再仔细读。如果对这本书实在没有兴趣，可以暂时放到一旁，找一本自己感兴趣的。

不论你采用第一种方法，还是第二种方法，其实都需要把原著至少读两遍，实际上那些经典也值得你读两遍。

家里有一套哈佛大学必读丛书，里面除了 2/3 纯文学的作品外，还有不少非小说类的名著和著名的文章。这些作品有些比较难读懂，有些则比较浅显，你已经可以开始阅读了，它们是：

- 富兰克林的《富兰克林自传》
- 达尔文的《贝格尔号航海志》
- 埃德蒙·伯克的文集
- 小丹纳的《桅杆前的两年》(*Two Years Before the Mast*)

态度

- 柏拉图的《游叙弗伦》《申辩篇》《克里托篇》《斐多篇》四篇对话录
- 《英语散文集》

其中《富兰克林自传》、柏拉图的对话录你可以开始读了，另外《培根随笔》也应该读一读。此外，就是我上次给你买的两本科普读物，伽莫夫的《从一到无穷大》以及霍金的《时间简史》。你如果能在一年，甚至一年半的时间读完这些书，已经非常好了。除此之外，那些文学名著也需要阅读。

等你读完这些书，我们可以讨论。等你上大学之后，可以找同学讨论读书心得。

祝进步！

你的父亲
2018 年 2 月

> 梦馨开始阅读《时间简史》和《从一到无穷大》，但是兴趣一般。随后，她阅读了《富兰克林自传》和《培根随笔》，很快便阅读完了，而且颇有收获。

第 31 封信
为什么要学好数学

> 2017年11月和梦馨的老师们开完家长会后,尚未来得及和她深谈,我就到中国出差了。在中国期间,我给她写了这封信。

梦馨:

你最近数学成绩有所下滑,我希望你能够尽快补上这门课所有的欠缺,因为数学实在很重要。那天开家长会,老师问你数学有什么重要性,你对它的了解除了做题似乎没有更深的体会。今天,我和你谈谈数学的重要性。

每一个学生都学过数学,但是大部分人在毕业后,就渐渐把它遗忘了,以致除了加减乘除,其他计算都不会了,更不知道数

态度

学有什么用,进而怀疑学习数学的重要性。在很多人看来,不学习数学也能养活自己,只要平时算账别算错就好。其实,学习数学的意义远远超过算账,否则大家小学毕业就不用再上数学课了。

对于数学的用途,我是有切身体会的。如果我没有学好数学,就不可能胜任谷歌的工作,今天的收入至少要少一个数量级,甚至可能没有稳定的工作。虽然我不做数学家的工作,但是数学依然对我很有用,因为它承载的知识用途远远超过它表面的作用。我觉得学习数学至少有三个好处。

第一,它是所有自然科学的基础,甚至对经济学这样的人文学科也至关重要。

1951年,沃森和克里克发现了DNA(脱氧核糖核酸)的双螺旋结构。当时,全世界很多科学家都试图最先发现DNA的结构。沃森和克里克起步相对较晚,但是他们的优势在于数学基础比较好。别人在先通过X光衍射仪器看到DNA的图片后试图构建它的模型,而他们则是先想象出DNA的空间模型,然后用实验数据确认。前者的做法有点儿像工匠总结经验,后者则是数学家的做法。沃森和克里克最终后来者居上,率先发现了DNA的双螺旋结构。从这个故事可以看出,数学知识,特别是数学思维对很多研究的重要性。在物理学、生理学或医学,以及经济学的诺贝尔奖中,有不少工作直接和数学有关,比如1979年豪斯菲尔德和科马克因

第 31 封信
为什么要学好数学

发明 CT（计算机断层扫描）算法而获得诺贝尔生理学或医学奖。

我在谷歌工作的时候，写了《数学之美》这本书，介绍谷歌等公司的 IT 背后的数学原理。让我想不到的是，这本我原以为不会有太多人读的书竟然成为畅销书。很多读者表示他们从书中受到了启发，将数学用到了各个领域之中。今天，世界上最成功的对冲基金文艺复兴科技公司也是由数学家和理论物理学家创办的。它的创始人西蒙斯曾经是纽约州立大学数学系的主任，著名的微分几何专家。这个基金中几乎每个人都是学习数学和理论物理的，反而没有学习金融的。

如果你想听上面这样的例子，我可以给你举很多。对于那些在各个行业成就出众的人来说，数学是一个很好的工具。今天学习数学的人其实很少有人是以数学家为职业的，大多数人只是把数学作为工具使用。

第二，在中学之后学习数学的一个主要目的是培养人的逻辑推理能力，因为逻辑推理是数学的基础。我们在很多时候，无论是在生活中，还是在工作中，都需要做一些推理判断，也就是从已知条件出发得到合理的结论。这中间需要一步步推理，不能凭想象得出结论。很多学生学习数学，为了考一个好成绩，只注重学习解题技巧，对一些方法死记硬背，而忽视了背后的逻辑性，这就偏离了学习数学的目的。背下来一些解题技巧固然是一个捷

态度

径，但是当遇到那些解题技巧没有涵盖的所谓难题时，自然就不会做了。低水平的老师和笨学生，总是试图采用题海战术，覆盖各种考试题。好老师则训练学生的逻辑思维能力，而好学生在学习数学时也是平衡理解力、逻辑能力和基础知识三者的关系，做到事半功倍。

你可能会奇怪为什么我经常要你读完教科书中的内容，把里面的公式推导一遍，这似乎是浪费时间，因为老师在课堂上已经讲过了。我只是希望你能通过这种方式掌握逻辑推理的方法。

第三，学习数学可以提高你的阅读理解能力。很多时候，我发现你之所以把题目做错了，是因为你把题目读错了，或者没有读懂。当你再读一遍题目的时候，你就会做了。这种问题很常见，不只你有，很多学生都是如此。数学没有学好，是因为理解力不够。很多所谓的数学难题，不过是因为一些已知条件没有直接写出来，而是隐含的。理解能力强的人，则能够从表面意思理解深层意思。比如题目中给了一个等边三角形，它意味着什么呢？不仅告诉你每条边都相等，每个角等于60度，三角形内部任何一个点到三条边的距离之和都相等，高等于边长的$\sqrt{3}/2$，等等，其实给了一大堆已知条件。

通过字面含义，读懂真实含义，这个技能将来不仅在数学中有用，在生活和工作中也能经常用到。比如我告诉你一个学术会

第 31 封信
为什么要学好数学

议将在纽约举行，它意味着什么呢？除了告诉你那是美国东部的一个大城市、金融中心之外，还告诉你那里有几千万人口，出门会拥堵，要多留点儿时间。当然那里有无数景点和博物馆，你如果有空儿可以逛逛。此外，纽约有三个机场可以选择起降，这样便于你从最喜欢的航空公司买票。纽约还有很多好吃的饭馆，你可以和同事一同去吃饭，去社交，等等。

至于如何学好数学，特别是在不需要做太多题、花太多时间的前提下学好数学，根据我的经验，做好以下三件事就能做到事半功倍。

其一，还是前面提到的提高阅读理解能力。看懂书，读懂题是解题的基础，这一条常常被大家忘却。

其二，建立比较完整的数学知识体系。你们在课堂上学的大部分内容，都落在这个范畴中。在理解了题目之后，解题的第二个要素就是要看基本的数学知识是否掌握了。如果你不知道勾股定理，给你一个直角三角形的两条边，你是无论如何也算不出第三条边的。不过，有时，人们把学习数学单纯理解为学习数学知识点，缺乏系统性，这样就做不出来难题。美国绝大部分中学基本的数学知识教育是有所欠缺的。我的一个读者是斯坦福大学的博士生，他在做助教时发现有 1/5 的斯坦福学生居然不知道 $\sin 90°$ 是多少，还要问教授。那个教授是从法国毕业的，非常鄙

态度

夷地看着这群学生，问他们："你们是怎么混进斯坦福的？"因为这个问题对于法国学生来说完全就是数学常识。斯坦福的学生数学基础知识如此欠缺，其他大学的学生只会更糟糕。但是世界上有很多国家的学生并非如此，因此不能以达到美国高中对数学基本知识的要求为满足。

第三，善用逻辑。任何数学结论，都是从已知条件出发，严格逻辑推理的结果。一个人能否进行有效的逻辑推理，不仅仅关乎他能否学好数学，也关系到他能否把其他事情做好。这又回到了学习数学的意义。

虽然，我没有在美国上过中学数学课，但是我相信学习数学的方法是相通的。我前几天把你们的AIME（美国数学邀请赛）的题打印了一份，做了做，成绩是12分，这在美国是罕见的好成绩。这说明我在中国学到的解题方法，对美国的问题还是有效的。

学习数学是一个慢功夫，但是如果方法得当，见效要比学习语言快一些，半年左右的时间就能见效。因此，你不要着急，慢慢来，几个月后，就能看到自己努力的效果了。

你的父亲

2017年11月

第 32 封信
我们在大学学什么

梦华在邮件中告诉了我两件事。第一，她成功将 7 门高中 AP（大学预修）课程的学分转到了 MIT。这样，她在大学就可以少学 7 门课。第二，大学一年级所要求的学分已经全部完成，因此她跳了一级，提前进入大二。根据 MIT 的规定，学生从大二开始，可以决定自己的主修专业。她决定主修计算机科学。这封信是我对这两件事的评论。

梦华：

得知你通过将高中 AP 课程的学分转到大学，然后攒够了学分提前进入二年级，你的妈妈和我替你高兴。我们知道，你这样就

态度

有了选择专业的特权，而且你已经决定要学计算机科学。虽然我们感到这么快做决定有些突然，但是既然你喜欢，并且我们相信这也是你再三权衡的决定，于是我们还是支持你。不过，我还是谈谈我对选择专业的看法。

我一直有这样一个看法，其实，本科专业并不那么重要。在本科学数学的人，大部分毕业后不会从事数学研究或者教学。类似地，本科学工程的人，很多在研究生院改学医科、商科和法律。单纯从学习知识本身来讲，我觉得本科的学习有以下三个主要目的。

第一，学习一生要用的科学常识和人文素养，无论将来学习什么专业，或者从事什么工作，这些都是有益的。你有时对我说，很奇怪为什么今天还有很多人（包括受过高等教育的人）依然相信迷信、算命和运势。这恰恰说明并非所有人在读完大学后都具备了科学常识和人文素养。很多人到了大学之后，觉得松了一口气，各门课程只要及格就心安理得，凑够了学分就毕业，这样其实就失去了学习科学常识和人文素养最好的时间。

第二，学习做事情的方法，并掌握自我学习的能力。今天的世界和牛顿那个年代的世界完全不同，技术的发展、知识的更新、专业的变化都非常快，大部分人很难一生只做一件事，研究一两个课题。于是当年轻人走出学校之后，自我学习能力就显得非常

第 32 封信
我们在大学学什么

重要。另外，人在今后的工作中会遇到各种难题，如何着手解决这些未知的问题，需要在大学里学习。你上次说 MIT 有一种风气，就是大家在选课时，对一门课是由哪一位教授讲授非常看重，而对于课程具体内容不是很看重，甚至会选择给分低但是水平高的教授。我觉得这种风气非常好，因为在 MIT 这样的大学学习，能遇到很多大师和各个领域一流的教授，年轻人听他们讲课，学习他们思考问题和解决问题的方法，将终身受益。根据我的经历，虽然在大学学习的很多课程，是今后一辈子也用不上的，但是通过学习那些课程，我们学会了解决问题的方法，这对后来继续学习和工作都有用。

第三，培养协作精神，它在今天的重要性已经毋庸置疑，因为没有哪个重要的工作仅仅靠个人努力就能够完成。虽然一些人在高中时已经开始在课程和研究上协作，但是协作精神的培养始于大学阶段。协作精神不仅仅表现在一个小组几个同学一起做项目时的分工合作，或者在实验室里一个课题组内的合作，还包括在做作业时互相讨论，一方面为大家贡献自己的想法，另一方面把大家作为一种资源，获得自己所需的知识。在中国有一种说法，走出校门后关系最好的同学是那些一起做过作业的。这说明当你为大家贡献了想法，并且信任他人作为你的知识来源时，你们交换的不仅仅是知识，还有友谊。

态度

回到选专业上，因为在任何大学想要毕业总需要选一个专业，或者说侧重的方向。如果我是你，我或许会再瞧一瞧，看一看，然后再定专业。如 MIT 这样的大学，相对于绝大部分州立大学和大部分私立大学的一个明显优势是，学生在选课和选专业上有非常大的自由度，并且可以将选择专业的决定推迟到二年级结束。这比让高中刚刚毕业的年轻人立即做出选择要好。从信息论的角度上讲，任何一个艰难的决定，都会造成信息损失，因此推迟决定并不是坏事。推迟决定最大的好处是可以尽可能多地了解各个学科，尝试各种东西，开阔自己的视野，找到自己的兴趣。此外，这样也可以避免将来换专业额外耗费时间。

不过，在现实生活中，每个人会根据自己的情况和周围的条件及时做出决定，这也是可以理解的。提前选定专业，当然也有它的好处，比如便于选课和到实验室里做研究。既然你已经选择计算机科学，那么接下来我想讲的话就是以你将来要从事这方面的工作为前提的。

如果你打算将来从事和计算机科学有关的工作，而且你也喜欢这个学科，那么恭喜你，你有一辈子的时间来学习这个领域的知识。既然如此，那么在大学时，我建议你多学习一点儿人文科学的课程。我知道，我的这个想法乍一听有点儿奇怪，为什么不建议你多学习计算机科学的课程呢？道理很简单，因为当你走出

第 32 封信
我们在大学学什么

校门后，并不会从事人文科学的工作，很难再有机会和一流的教授学习人文课程。几个月前，我见到 MIT 人文艺术和社会科学院院长，并且得知 MIT 在这些领域也是一流的。我希望你能利用这个机会选修这方面的一些课程，这不仅有助于提高你的人文素养，而且可以帮助你用更广阔的视角看待计算机科学。

至于你在计算机领域学习哪些课程，虽然我本人从事这个领域的研究和开发已经超过 20 年，但是我并不打算给你太多选课的建议，因为我相信你会根据自己的兴趣做好这件事，并且你的指导教授会给予你帮助。不过，在这里我愿意和你分享一下自己对计算机科学的现状和未来的看法。

首先，在未来的几十年里，计算机科学将是一个非常好的行业。我们现在正处在人类历史上第四次重大技术革命的关口，前三次分别是以蒸汽机为核心的第一次工业革命、以电为核心的第二次工业革命、以计算机为核心的信息革命，这一次将是以大数据和机器智能为核心的智能革命。不久前，谷歌的"阿尔法狗"（AlphaGo）战胜了天才棋手李世石（九段），这标志着智能时代的到来。未来，虽然几乎所有的行业都会因为机器智能而改变，很多人可能会失去原有的工作，但是制造智能机器的人却有更大的发展空间。MIT 是美国最早开展机器智能（当时叫人工智能）研究的大学，你们的计算机和人工智能（CSAIL）实验室不仅有很多

态度

世界一流的大师，而且做出了很多能够改变人类生活的重大发明创造，因此我不担心你在那里的专业训练。

其次，我想告诉你的是，机器智能的本质和人的智能不同。计算机是依靠大数据和计算解决智能问题的，比如"阿尔法狗"其实不知道它在下围棋，只懂计算。当然，这个计算是以它获得了人类几十万盘对弈数据为前提的。在过去20年里，谁掌握了大量的数据，谁就能够让计算机变得更聪明。因此，我对你的建议是，如果有可能，最好修一个统计领域的第二学位，因为在未来，优秀的计算机科学家和工程师必须懂得统计学与数据处理方法。

最后，我想告诉你的是，虽然计算机科学被划进科学的范畴，但是它和数学、物理学、化学有非常大的不同，因此实践对于掌握计算机科学的知识非常重要。太阳微系统公司创始人之一的比尔·乔伊（Bill Joy）是最好的计算机科学家之一，他基本上一个人编写了 Solaris 操作系统的原型。乔伊在密歇根大学学习计算机时，每天在实验室里写程序，可以用披星戴月来形容，他经常会在太阳即将升起的时候回宿舍。我不希望你像他一样熬夜，但是我希望你从他身上看到练习和实践对于学习计算机科学的人的重要性。

如果经过一段时间的学习，你发现自己依然喜欢这个专业，并且那些内容对你来讲掌握起来并不是很困难，那么你不妨学下去，相信你能在这个领域走得很远。如果你改变了主意，也没有

第 32 封信
我们在大学学什么

关系，再重新找一个自己喜欢的专业试一试就好。毕竟，MIT 在这方面给予了学生很大的自由。未来，大部分专业的生命周期都会远远短于自然人的寿命，因此人一生从事多个专业的工作是很正常的事情。只要你具备了足够强的学习能力，掌握了解决问题的方法，各个专业的工作很可能会一通百通。这一点，我对你是有信心的。

在我结束这封信之前，告诉你一个好消息，你为我的新书（《浪潮之巅》）设计的封面已经得到出版社的认可。你的妈妈和我一直为你在艺术上的天分自豪，你的妹妹也很受鼓舞。另外，在学习之余，你要保重身体。

你的父亲

2016 年 4 月

第 33 封信
如何选择学校和专业

梦华：

你来信问我关于选择专业和（研究生）选择学校的事，我很愿意和你谈谈我的想法。不过，这件事你在征求我的意见的同时，也可以听一听你的导师的意见，毕竟他在学校里专职指导学生几十年了。

首先，我觉得读研究生的大学和读本科的大学可以分开，这样有三个好处。

第一，你会是两所大学，尤其是两所好大学的校友，你将来会有一个更大的校友网络。我之前建议你在哈佛修一个第二学位，比如统计学，但是你说这样太麻烦，当然，我尊重你的选择。我知道从学科来讲，哈佛并不比 MIT 有优势，我只是觉得你可以换

态度

一个地方看一看，多接触一些不同的人。现在，你决定读研究生，正好是换学校的机会。

第二，避免单一性。我在中国时看到这样一个现象，很多人本科、研究生和担任教职都在一所大学，特别是在好大学，这样的现象最严重。学校和学生这么做看似是有理由的：学校认为，外面的学生普遍没有自己的学生素质高；学生认为，自己学校的名气比其他大学大。在清华，有一个所谓的"三清团"的说法，即本科、研究生和任教都在清华，可谓这种想法最彻底的诠释。这种想法似乎都在最大化自己的利益，但是从长远来讲，这是"近亲繁殖"的受害者。

学术研究不等同做生意，并非利润越大越好。学术水平的提高需要交流，虽然这可以通过开会和发布期刊论文完成，但人员的流动是最好的交流。因此在美国，一所大学的教授通常来自很多不同的大学，而一个想走学术道路的人，也愿意在几所大学体会一下不同的教学和科研特色。

第三，好的本科专业和好的研究生专业未必在同一所大学，并且经常不在同一所大学。美国的很多大学注重本科教育，比如普林斯顿大学和布朗大学，但是很多大学更注重研究，比如斯坦福大学和加州大学伯克利分校。年轻人需要在不同学习阶段换大学，以便兼顾不同阶段的教育。

第 33 封信
如何选择学校和专业

你问如何选择专业,我觉得这要以你的喜好为准。这样,在接下来的几年里,你不会为辛苦地学习而发愁。你担心如果选择一个冷门专业,将来不好找工作。我觉得你不必有这种担心,主要有这样三个原因。

第一,既然你已经选择在计算机科学或者相关的领域继续学习,在未来,你不必为这个大领域的就业机会发愁。

第二,如果你将来去谷歌或者微软这样的大公司,它们其实不太在意你在博士生阶段读的具体专业,因为对它们来讲,无论是读计算机系统,还是读计算机视觉、图像处理,在博士毕业时,都应该已经具备基本的研究技能。将来在公司里不知道会有什么新项目,它们希望年轻人能够通过学习适应新的领域。

第三,如果你将来选择在学术界发展,细分专业的确会有影响,因为如果大学里需要一个研究系统的教授,那么它不会招一个专攻机器学习的人。但是,今天很难预测 5 年后哪个行业最热门。10 年前,如果你对人说自己是人工智能博士,在学术界根本找不到工作,这个专业在今天却非常热门。因此,你只能大致做一个判断,然后尽可能学得广一点儿,以便于在一个稍微大一点儿的学术圈子里立足。

学校、专业和导师,哪个更重要呢?根据我的经验,当大致的专业方向确定之后,导师比学校重要。这和本科生的选校原则

态度

正好相反，对本科生来讲，先选学校再选专业比较好。

为什么导师很重要呢？因为他不仅能让你在学术界迅速站稳脚跟，而且可能对你一辈子的职业发展都有帮助。在美国、欧洲和日本的学术界，至今还是比较讲究师门的。回溯历史，20世纪初欧洲有以玻尔为首的哥本哈根学派，除了玻尔，还有海森堡和波恩等顶级物理学大师，这些人不仅获得了诺贝尔奖，而且一辈子和爱因斯坦死磕，影响整个物理学的发展。为什么要有学派呢？因为今天的科学研究是一件非常困难的事情，通常要通过接棒的方式走完从 0 到 N 的漫长道路，这就必须有一个梯队，要形成一个学派。一个学派的人未必来自一个单位，但是他们需要一个精神领袖，比如玻尔就是量子力学的精神领袖。在我所从事的语音识别和自然语言理解领域，我的导师贾里尼克就是这样一位精神领袖。我在工业界、学术界运气不错，和背后有这样一位同行公认的精神领袖有关。在谷歌，我的上级诺威格博士，同事李开复博士和奥科博士都是他的信徒。如果在谈到他时我在场，他们都会说"你的老师贾里尼克"，也会表示对我的认可。虽然这两个人毕业的学校和我毫无交集，但是大家和我一样都觉得自己是一个学派的，这一点很重要。

当然，好的导师对你最直接的帮助是让你在博士期间写出一篇好论文。博士和硕士不一样，后者只需要掌握某个领域的知识

第 33 封信
如何选择学校和专业

和技能，将来能够从事相关工作即可。在美国，人们要求博士对世界的科技发展有所贡献，也就是研究的课题需要是前人没有触及的。这样就带来一个大问题，没人做成的事情怎能保证自己做成，而且最好用较短的时间做成，连导师也未必知道怎么做。博士的工作必须自己完成，但好的导师会告诉学生哪些事情不要做，这样就能给博士省很多时间。平庸的导师则要求学生按照自己的想法去做，这就抑制了学生的兴趣和创造力。我在约翰·霍普金斯大学时遇到的布莱尔、库旦普和贾里尼克都是好导师。

一个年轻的博士靠自己的努力被整个学术界认可，要花很长时间，甚至是不太可能的事情。这时，好导师的作用就体现出来了。我在约翰·霍普金斯大学时，我的实验室 CLSP（语言和语音处理）每周会请一位学者进行学术交流，大约 1/4 是世界一流学者。每年暑假，还会组织研讨会，以三个世界知名的学者、教授为核心，从各个大学和实验室组织三个课题组，在约翰·霍普金斯大学进行 6~8 周的封闭式研究工作。其间，我们有机会接触世界最优秀的学者，因此在我们毕业之前，会认识我们所在领域的全世界所有知名学者，也让他们了解我们这些博士的研究工作。我们这个实验室的博士毕业生总能拿到世界上最好的职位，这和大家在毕业之前就和全世界主要的研究所或者公司建立联系有关。当然，走出学校，再往后，就看自己的努力和运气了。

态度

因此，你在寻找未来读研究生的大学时，需要了解感兴趣的专业的全世界最好的教授在哪里，不能仅仅看那些大学的排名。可以分两步全面了解一个教授和他的实验室或研究中心。

第一，通过学术会议的论文发表情况，以及他们实验室的介绍，大致了解他们的水平，同时可以向你的导师请教。用这种方法，可以确定最初的候选名单。

第二，利用在美国的便利，可以联系相应的教授，表示你有兴趣到他的组里读研究生，希望能和他进行交流，参观一下实验室，他们通常都会十分欢迎。然后，你最好能去一趟，和教授聊聊，也和他们的学生聊聊，听听学生的看法，看看学生是否满意，多长时间能毕业，毕业的工作量有多大。另外，即使你不需要奖学金，也一定要找那些能够提供奖学金的教授。这不是钱的问题，是否有足够的研究经费给博士发放奖学金，反映出一位教授的水平和他所研究的领域的前景。

如果你有更多的问题，不妨随时找我。

保重身体！

你的父亲
2018 年 2 月

第 34 封信
写科技论文的技巧

> 梦华参与了我的《数学之美》一书英文版的翻译工作。在翻译过程中,她和我讨论专业论文和专著的写法,特别是它们与一般内容的文章和图书在写作方法上的不同。

梦华:

首先感谢你帮我翻译《数学之美》一书。上次你问起它和你平时写的论文有什么不同,我当时因为要赶去做别的事情,没有在电话里和你多讲,今天有空,我把自己的体会写出来。这样等你进入高年级,在写科技论文或者研究报告时,可以作为参考。

我首先要说,你的文笔非常漂亮、隽秀,我如果写一篇作文,文采一定不如你。你帮我翻译《数学之美》，文字水平非常高，我很满意。不过，写科技论文还是有些特点，或者说有些技巧的。掌握了这些技巧，不仅论文写得快，大家容易读懂，而且也容易被采纳、发表。其实我在2002年之后，就没有写过论文，所幸的是，这些年断断续续给一些杂志审过稿子，加上这些年大家写论文的风格没什么变化，因此我在这方面还是有点儿发言权的。

我们经常说，在什么场合就要用什么语言，不能混着来。因此，写科技论文就要用科技论文的语言，它不仅是非常规范的书面语，而且不能有太多比喻和夸张的形容词，那样会让人感觉有点儿不真实。或许因为这个，科技论文读起来有点儿枯燥，但是没有办法，因为这类论文的准确性比趣味性更重要。论文不同于散文，它的结构远比文字重要，结构不对，文字再优美也没用。如果你将来有机会写科技论著，反而可以在语言上轻松一点儿。

除了语言之外，写论文最重要的是要搞清楚写什么，哪些是必须写的，哪些根本不需要写，甚至不能写，哪些可有可无，视篇幅而定。

科技论文里有4个部分必须写清楚。

第一，问题的提出和前人的工作综述。如果你有三分钟介绍你的工作，这部分需要花一分钟时间。

今天的学术研究，99%是N+1的工作，不管你怎么吹它的重

第34封信
写科技论文的技巧

要性，还是 N + 1。也就是说，你发现前人的工作有改进之处，你把这个问题解决了，这本身就足够有意义。既然是 N + 1 的工作，任何人写论文时第一件事情就是要提一下 N 的工作，也就是同行以前做过的工作，这部分内容既是为了说明你研究的问题的来源（前人尚未完成的工作），也是对前人和同行的认可。一些中国人请我帮助修改论文，虽然他们的目的是让我帮助修改英语，但是我发现他们论文的结构有大问题，很多人搞科研，不做详细的文献研究，上来就谈自己的工作。读者一下子就不明白为什么要做这件事，同行读了之后，觉得没有引用自己的工作，也会不高兴。

第二，自己的工作想得到什么样的结论，这是论文的灵魂。当然，为了验证自己的结论，自己的工作是怎么做的，这个过程要写清楚，但不要啰唆。对于人文学科的论文，需要在文献和其他数据中寻找大量的证据。证据必须支持自己的假设，内在的逻辑要成立。对于自然科学的论文，不仅要有可信的实验结果，而且实验的设置要合理，实验条件要符合规范，不能乱来。当然，最重要的是实验结果要能重复，特别不能仅仅从几个精心挑选出来的结果，给出一个所谓的普遍规律。一些急于求成的学者为了发表具有轰动效应的结果，常常把不好的实验数据删掉，以致同行无法重复他们的实验，这种做法属于欺诈行为。

尤其需要强调的是，论文的结论应该是前提假设和研究工作的自然结果。很多糟糕论文的作者,从他们的前提和工作中,得不到他们想说的结论。这种论文哪怕很有文采,也难以通过审核。

第三,好的研究论文,不仅要得出自己的结论,还需要比较自己工作和相关工作的优劣。既然做学问是 N + 1 的工作,我们为了证明 N + 1 比原来的 N 要好,你首先要重复前面 N 个人的工作,这也是在科研上实验结果必须能够重复的原因。一个有经验的导师在指导学生做研究时,通常是从重复前人的实验开始的,然后才开始自己的改进。将来写成论文时,实验结果的第一部分就是重复前人最成功的实验(一般被称为基准)。然后,才是对自己各种实验结果的介绍,以及和前人的比较。

第四,实验所用的数据,要尽可能地使用那些同行能够得到的。可比性对科学研究非常重要。为了让大家有一个可以公平比较的平台,各个学科领域都有很多共享数据、材料和工具,供同行使用,这些是属于整个学术圈子的财富。大家做研究都要用这些共同的东西来验证、比较,这样才是橘子和橘子的比较,不是苹果和橘子的比较。

万一有些数据是自己产生的,外面找不到,当同行问起来时,要随时准备提供给对方。这里我想补充一点,有时,为同行准备大家可以对比的客观数据,也是一件非常有意义的事。事实上,在学术界,为了便于大家进行学术交流,常常要建设一个给学术

第 34 封信
写科技论文的技巧

圈子使用的基准平台。有时，建这样一个数据平台甚至要花很多钱。我过去所在的语音识别和自然语言处理领域，宾夕法尼亚大学就有专门一个小组为全世界的学者准备研究和测试数据。2015年，谷歌为了让全世界的大数据医疗研究有一个可以做对比实验的基准，拿出一亿美元给了斯坦福和杜克两所大学的医学院，用 5 年时间采样 5000 人（各 2500 人）的全部生理和医疗数据，作为将来全世界在相关领域搞研究的共同基础。

对于非自然科学的论文，使用的数据一定要是同行也能够得到的，比如在经济学上，大家常常采用世界银行、美国中央情报局、美国统计局的数据。我在写《浪潮之巅》分析各公司的经营状况时，一般都引用它们向美国证监会（SEC）提供的数据，而不是《华尔街日报》的二手数据。

此外，如果一个研究人员在前人的基础上更进一步，那是一件可喜可贺的事。但是，完成了 N + 1，将来就会有 N + 2，因此好的论文最后都会从学术角度，讲一下自己未完成的工作，这些工作或许是自己正在进行的，或许是留给同行的。到此，一篇论文才算完整。

从这个写作过程可以看出，它似乎就是一篇中规中矩的文章，有点儿像中国过去的八股文。学术界对规矩从来是非常看重的，一旦守规矩，写出来的必然就是"八股文"，没有太多可以发挥的

态度

余地。能够按照上述的条条框框写出一篇"八股文",至少是符合要求的。

写科技论文,下面三件事一定不要做,不会有好处,只会帮倒忙。

第一,吹牛。过分强调自己研究的重要性,上升到非常高的高度,生怕立意不够高被拒绝,这样的做法是在帮倒忙。很多学者的论文有这样的毛病,喜欢宣布自己解决了一个天大的难题,可以改变世界等,即便是真的,也都是废话。在学术圈子里,同行对这项研究的背景和意义都比较清楚,意义是否重大,无须费太多口舌。有时,一些人工作本来做得还不错,这么一写,读者反而不知道哪些工作是他完成的,哪些是吹牛了。科技论文不是新闻报道,不需要什么事情都要上升到一定的高度。至于发明和发现是否那么重要,一切看结果就清楚了。那些大话、废话,除了占用宝贵的篇幅,对论文没有帮助,甚至只有副作用。

其实,不仅是写论文,在申请经费写报告时也是如此。

第二,贬低同行的话。一些人为了显示自己的工作多么有水平,自吹自擂,把前人的工作贬得一无是处。要知道,审稿的人,可能就是那些被贬低的同行。是否比同行做得好,有了数据自然明了,不需要抬高自己,贬低别人。

知道该写什么之后,需要了解"那些被采用的论文通常是怎

第 34 封信
写科技论文的技巧

么写的",这其实和科学方法本身的特点有很大关系。

第三,对于一些次要的,但是需要花特别多篇幅才能解释清楚的现象或者发现,根本就不需要写在论文里,因为这反而会让读者更糊涂。一篇论文能说清楚一件事,给大家一个明确的结论,就非常有意义了。

最后,要注意两个细节:在论文中,凡是别人的数据和观点都要写明出处;对于任何在做研究和写论文过程中给予了帮助的人,都要鸣谢。至此,一篇完整的论文就完成了。

我的这一点点经验,供你做科研时参考。

祝学习顺利!

你的父亲
2018 年 2 月

第六章
做人做事

态度

第 35 封信
做事前不要过分算概率

> 梦华在 MIT 申请 3（年）+2（年）的本科和硕士一揽子计划，但是又在考虑是否将来进入学术界。如果是，就需要读博士。读博士的话，读硕士的过程其实是浪费时间。读完博士，如果改变了主意不想进入学术界，那么读博士的必要性就未必很大，因为会失去其他一些机会。她对此有些纠结。此外，她对将来做什么并没有很清晰的想法，也怕做了过多无谓的尝试浪费时间。

梦华：

我知道你现在在为将来是否读博士纠结，而这会决定你接下来的两年怎么度过。其实，我倒觉得你不必对此过于纠结，很多事情想做就去做。我一直觉得在大学时，需要尝试做自己喜欢的事情。

今天的人，为了生存，常常不得不根据薪水的多少和名望的高低来决定自己该做什么事情。很多人决定是否继续读书的理由，是能否找到更好的工作，或者能否提前赚两年的钱。只有很少的人每天所做的事情都是他们非常喜欢的工作。一个人是否会喜欢一件事，也是要尝试一下才知道的，特别是在年轻的时候。人的格局不能太小，不能完全用利益来衡量自己该做什么事情。

我 20 多年前刚出国的时候读到这样一个故事，一直牢记至今，今天不妨说给你听。

从前，有一个年轻人要离开家乡闯世界。临行前，他找到一位智者咨询。那个智者给了他三封信，对他说，第一封信等到了目的地打开；将来遇到过不去的坎儿的时候，打开第二封；什么时候闲下来，再看第三封。于是这个年轻人就出国求学了，去做自己想做的事情了。

这位年轻人到了国外，打开第一封信，里面就简单地写了几个字，"往前走，去闯"。于是他便义无反顾地去奋斗了。不过他的面前困难重重，人生地不熟，求学的道路也不顺利，有时还要为下一顿饭发愁。他经历过失败，也常常被人们嘲笑。当他觉得坚持不下去，想打退堂鼓时，想到了智者的三封信，于是他打开了

第 35 封信
做事前不要过分算概率

第二封，里面的内容依然很简单，"别灰心，继续闯"。于是，这位年轻人又振作起来，艰辛地一步步往前走，最终闯出一片天地。

又过了一些年，这个人功成名就了，也不再年轻。他回首自己走过的路，有成功的喜悦，也有失败的忧伤，虽然所得不少，但是代价也是巨大的。当年留在国内的同学，有些反而比他更有成就。他不知道自己走的路对不对，无意间他想到当年那个智者留给他的信。在过去的很多年里，他要打拼，甚至忘了第三封信。这一天他突然想起来，非常好奇那位已经逝去的老者几十年前留下了什么话，于是他打开那封信。里面依然只有几个字，"随缘，别后悔"。

其实，我有时候也在想，如果我重新走一遍，是否依然会走到今天这个地方。我做了几次复盘，发现依然会走到今天的地步，这并非我的宿命，而是以我的能力和勤勉程度，会达到这一步。当然，到目前为止，我有所得，也有所失，我必须接受所有的结果。这就是那位老者所说的"随缘，别后悔"。

著名的企业家郭台铭经常说这样一件事，阿里山的神木（阿里山上有一棵树龄达到3000余年的红桧，树高53米）之所以大，是3000余年前种子掉到土里时就已决定了的。回顾一个人成长的过程，其中的酸甜苦辣，个中滋味只有自己能够体会。

年轻人在做任何决定之前应该做好准备，三思而行，但是对

态度

于想清楚的事情,做起来就不要犹豫。很多事情你在做成之后,回过头来看成功的概率不过 5% 甚至更低。如果你在做之前就开始算概率,很多事根本不会开始做。年轻人和老年人的一个差别在于,前者很多时候不知艰难,努力去做了,也就做成了,而后者因为有过失败的教训,知道一件事不是那么容易做成,想想做成的可能性,算算成本,还没有开始,就已经放弃了。努力了,至少还有一个希望;放弃了,则永远不可能有希望。

保重身体!

你的父亲

2017 年 10 月

梦华后来决定先在 MIT 读硕士,在此期间,寻找合适的读博士的学校。

第 36 封信
专业和业余的区别

2017 年暑假，我们全家在萨尔茨堡听了一系列世界一流大师的音乐表演。这封信是从萨尔茨堡回到美国后写给梦馨的。信中提到的内田光子是世界著名的钢琴演奏家。她于 1948 年生于日本，幼年时因为父亲在奥地利担任外交官，全家移居维也纳。在那里，她考入了维也纳音乐学院，师从理查德·豪瑟、威尔海姆·肯普夫和拉基米尔·阿什肯纳齐等世界级大师。14 岁时，内田光子首次在维也纳金色大厅登台表演，20 岁时获得贝多芬钢琴比赛冠军，第二年又获得肖邦国际钢琴比赛亚军，随后成为世界上为数不多的钢琴独奏家。

内田光子除了年轻时有较长一段时间生活在美国（当时是克利夫兰交响乐团的驻场独奏家），大部分时间旅居欧洲，后来加入英国国籍。2009 年，英国女王授予她女爵士封号。在此之前，获得爵士封号的音乐人士有英国著名指挥家戴维斯（伦敦交响乐团

态度

前首席指挥）等人。

内田光子一生几乎所有的时间都花在了练习钢琴和在世界各地巡回表演上，以至于一辈子未婚。她自己说，她的工作性质不适合组建家庭。可以说，她把自己献给了音乐。

这封信是几个月后写给梦馨的，当时我在中国出差，她参加了一次高尔夫球比赛，成绩平平，为了鼓励她继续打球，我给她讲了这番话。

梦馨：

这个暑假，你的高尔夫球水平进步很快，但是发挥不稳定，特别是对于那些你觉得很容易的球，打得比较马虎。如果长期如此，你很难进一步提高了。因此，接下来，可能不是多花时间打球的问题，而是要改一改浮躁的心态。今天来和你说说专业人士做事和普通的爱好者有什么区别。

夏天，我们去奥地利听了不少场世界顶级大师的表演，不知道你是否还记得内田光子演出的细节。当时，我们在听完她的表演后都有如听仙乐的感觉。内田光子精于演奏莫扎特、贝多芬、

第 36 封信
专业和业余的区别

舒伯特和舒曼等古典主义与浪漫主义大师的作品，演奏技巧和对音乐的理解在当今都属罕见。那天，她在独奏音乐会上表演的第一首曲子是非常简单的《第十六号钢琴奏鸣曲》，这首曲子有个副标题 Sonata Facile（意为"单纯的奏鸣曲"），可见其简单，而你两年前在准备 7 级考试时已经能弹这首曲子了。

同一首曲子，她弹出来和你弹出来的区别如此之大，连你当时也很惊讶。钢琴考过 7 级的孩子都能弹莫扎特的这首奏鸣曲，但是内田光子弹的不一样。这就如同几乎所有人都会做蛋炒饭或者炒土豆丝，但是特级厨师做出来的味道和一般人做出来的大为不同。内田光子演奏的第一个精彩之处在于有非常丰富的层次感。这首曲子如果让钢琴 10 级的少年来表演，会是一首简单且轻松的音乐，即使弹得再准确，听众也只能获得感官愉悦。如果让专业级的选手来表演，他能搭配表现两个不同的层次，听众会有立体感，感受到音乐的力量。内田光子的表演则有很多层次，她是采用时间和空间（键盘上的位置）组合做到这一点的。我们当时在现场都能被她带入一种意境，音乐变得纯粹，这便是她和普通专业人士的差别。

那天内田光子还演奏了舒曼一首难度很大的奏鸣曲，大家听得如痴如醉。这说明大师级的专业人士能够同时做到举重若轻和举轻若重。不过，我更受启发的还是她能把简单的事情做得出人

态度

意料的精彩。很多时候，利用很贵的食材，做出一盘美味并不难，难的是将土豆丝这样的菜炒出好味道，让大家回味无穷。所以，真正一流的大师是在任何小事情上都能体现一流水准的人。很多人会觉得，某件事情太简单，它体现不出自己的水平，这其实反倒是他们无法成为一流人士的原因。

回到你打高尔夫球这件事，既然你喜欢打，就应该努力打好。我知道你不想成为职业选手，只是当作一种爱好，但即便如此，什么事情如果开始做了，就要做到极致。在这个过程中，你会遇到很多困难，而克服困难的过程，就是最好的成长过程。如果不按照专业水平来要求自己做一件事，失败之处不在于你做这件事情水平的高低，而在于白白花了时间，却没有多少收获。人一辈子不在于做的事情多，而在于做好几件事。

对于打高尔夫的人来说，职业选手和业余选手的区别并不在于后者打不出好球，而在于他们打出一个好球，可能伴随着一两个坏球，比如打偏了掉到水里或者干脆打丢了。要弥补一个坏球带来的结果，有时需要多打好几杆。这样成绩不仅差，而且不稳定。相比之下，职业选手发挥得更稳定。我记得上次你的教练杰夫带我下场打球，其中有几个洞，我的表现和他一样好，但是，他每一个洞打得都是那样好，甚至更好，不愧为参加过美国公开赛的职业球手。

第 36 封信
专业和业余的区别

作为曾经的 PGA（职业高尔夫协会）球员，杰夫的第二个特点是能很好地控制自己的情绪，不会因为打了一个坏球而输掉整场比赛，也不会因为打了一个好球而自鸣得意。像我这样的业余选手，打坏一个球会影响随后一连几个球；而打出一个好球，有时又免不了得意忘形，接下来可能会放松，并失去领先优势。我的这个毛病，所有业余选手都免不了会有，包括你。第三点，也是特别要强调给你的，对于那些看似容易的"小球"，杰夫处理得远比我认真，这就如同内田光子即使弹奏简单的曲子，也能弹得精彩。

杰夫对我说，要想打好球，不仅要练出水平，而且要按照职业选手的方式去打球，也就是说要讲究职业的做事方法。

在几乎任何一个领域，做事情都有专业和不专业之分，最大的区别就是杰夫讲的那几点。我和约翰·霍普金斯医学院以及斯坦福医学院的一些著名教授聊过名医和一般的好医生有什么不同。他们传递给我的都是同样一个信息，名医和一般的好医生并不在于前者能治好后者治不好的病（而且根据他们的观点，真遇上了绝症谁也没办法），但是名医的发挥很稳定，治疗效果（预后）是可预期的，而普通大夫就没有那么稳定了。此外，名医不会对看似小的疾病掉以轻心，因此病人对他们放心。类似地，优秀的会计师和律师都有这些特点。

态度

今天和你讲了专业人士是如何做事的，一流的人有什么特点，是希望你今后无论是在打球的时候，还是在做其他事情的时候，能按照专业要求去做。至于怎么能做到，我觉得你记住以下四个简单的原则即可。

首先，好的专业人士要在任何情况下为工作本身着想，不会因为其他事情影响该做的事。比如不会因为在学校的一门课没有考好而影响晚上弹琴。

其次，专业素养意味着遵守流程和行业规范。我经常提醒你，做数学题一定不要跳步骤，这就是从小培养专业素养的第一步。任何专业医生，都会遵守给人看病的流程，以免发生误诊，这就是做事职业化的标志。

再次，是否有专业素养体现在是否能把那些不经意的事情做得比别人更好。这就是我们前面说的炒土豆丝的原则。我们家聘用安东尼的会计师事务所处理税务问题已经十多年了，它收费不便宜，但是我觉得花钱聘用它的会计师是值得的，因为我们常人看不到的细小的地方他们都能帮我们考虑到。相反，很多家庭为了省钱，找一些不很是专业的会计师报税，那些人做事就是交差了事，反而使他们的客户蒙受巨大的损失。

最后，专业人士要有成体系的领域知识，而不仅仅是掌握一两项技能。世界很多一流的表演艺术家到了晚年因为体力不堪难

第36封信
专业和业余的区别

以完成一场独奏音乐会，都选择担任乐团艺术指导（指挥）的角色，比如帕尔曼、朱克曼、阿什肯纳齐和多明戈。这就要求他们对音乐作为一个整体有深刻的理解，而不仅仅是会演奏一种乐器或者唱歌。

我们看到很多人其实不缺乏天分，但无论是当运动员，还是做其他事，都不能保证稳定地发挥，最后很难在相应的职业道路上走得很远，最主要的问题是没有养成专业素养。对于大部分人来讲，只要培养了专业素养，做事情再差也差不到哪儿去。缺乏专业素养，仅仅靠天分和运气做事，结果就难以保证了。即使偶尔会成功，也是自己难以重复和复制的。

你现在还小，希望从现在开始注意专业素养的培养。

你的父亲
2017年9月2日

> 梦馨还在坚持练习打高尔夫，并且被选入学校的代表队。

第 37 封信
永远寻找更好的方法

> 这是我在中国时,得知梦馨学习西班牙语遇到困难后鼓励她的信。

梦馨:

我知道你最近遇到点儿麻烦,西班牙语的成绩在往下走,而你感到无能为力。我想可能你需要寻找一些更有效的办法。

世界上永远有很多我们觉得无能为力的事情,有些是注定的,或者运气不好,我们能做的事情比较少,但是有些倒霉事如果一再发生,就说明我们做事情的方法可能有问题,需要跳出原有的固定思维,寻找更好的方法。这既是一种技巧,也是一种积极的生活态度。在这一点上,我和你都需要改进。让我重新审视自己,认清这个问题

态度

的人，是我过去在谷歌的同事杰夫·休伯，我去年投资了他的公司。

杰夫·休伯比我晚几个星期加入的谷歌，但是在谷歌升迁的速度可比我快得多。他后来做到了谷歌的高级副总裁，是 CEO 佩奇下面几个直接汇报者（在谷歌内被称为 L 团队）之一，主管过谷歌最赚钱的广告业务，就连雅虎前 CEO 梅耶尔也不过是休伯的下属。不过，让我们想不到的是，2013 年，他放下手上的大部分业务，跑到谷歌新成立的大数据医疗公司 Calico 去做主管工程的副总裁，这就如同放弃了自己到手的金矿，从零开始。两年前，他又离开谷歌自己去创业了，这更让我们想不通。人们通常在他这样的年龄和位置，会努力维持现有的地位和财富。

几个月后，休伯在他的母校伊利诺伊大学香槟分校毕业典礼上做了主题演讲，道出了其中的原因。YouTube 上有这个演讲视频，回头你一定要看看，我认为它会和当年乔布斯在斯坦福毕业典礼上的演讲一样，成为经典。休伯在演讲中讲了改变他人生的三件事，中心思想都是，如何努力找到更好的方法，避免悲剧发生。

第一件事发生在他小时候，讲述他如何从一个穷苦的铲粪娃走进名校伊利诺伊大学。休伯生长在美国中西部一个农民家庭，他生活的小镇非常小，镇中心只有 4 栋房子，包括政府办公室、消防局等。由于小时候家里穷，他 4 岁就开始帮助家里做农活，比如铲牛粪。有一天下雨时，他陷在粪堆里出不来了，越陷越深，

第 37 封信
永远寻找更好的方法

眼看就要被埋在粪堆里了,他大声喊叫,但是那个荒野根本没人。所幸的是,一个长辈恰巧路过,把他救了出来。后来家里人告诉他,避免这种悲剧的办法,就是通过上一所好大学,离开那里。于是他发奋读书,最后考上了伊利诺伊大学。

第二个故事是关于他加入谷歌的经过。他在演讲中披露了一个过去我们都不知道的隐私——他是被 eBay(亿贝)开除的。休伯到谷歌时,我们当时只知道 eBay 的一位前副总裁来公司做总监了(当时谷歌很小,只有几位副总裁,总监的职权等同于外面公司的副总裁),仅此而已,对他之前所做的事情一无所知。在那次演讲中,休伯说,他在 eBay 开始的时候顺风顺水,当上了副总裁,但是作为技术专家,他当时比较偏激,在公司发展方向和主管市场营销的人员发生了非常激烈的争执,最后被开除了。这件事之后,他消沉了半年。后来他的妻子告诉他,硅谷很大,机会很多,或许有更好的出路。最终,他在妻子的帮助下振作精神,到了谷歌,才有了后来的辉煌。

接下来,休伯讲了第三个故事。几年前,他的妻子患上了癌症,而他在得知妻子患上癌症时,已经来不及治疗了,他的妻子最终撒手人寰。这件事让他伤心不已,人不在了,事业再成功,再有钱又有什么用呢?但是,他没有怨天尤人,他在想,悲剧之所以不能避免,是因为我们没有更好的办法。如果我们能够有更好的办法,在早期就能诊断癌症,他妻子的悲剧或许就能够避免。

态度

所以，他才跑到谷歌的 Calico 公司，因为他和谷歌的两位创始人一样，试图通过 IT 解决癌症早期诊断和治疗问题。后来，在世界最大的基因测序仪器公司 Illumina 的帮助下，他和朋友肯·德拉然一同创办了 Grail 公司。

你读过《达·芬奇密码》这本书，对"圣杯"（Grail）这个词，应该不陌生。传说中喝了圣杯里的水，什么病都能治好。因此，这家公司想做的事情其实通过这个名字也很清楚了。简单来说，它要做早期癌症检测，因为在早期发现癌症，治愈或者长期生存的概率要比晚期发现癌症大得多。

休伯认为，人类之所以一直不能够及早发现癌症，是因为过去的方法不对，仅仅依靠医疗的进步，忽视了技术进步，特别是 IT 进步的成果。Grail 进行癌症筛查的方法和传统的通过医学影像筛查的方法不同。它通过抽血、检验基因来发现一个人身体里是否有癌细胞。任何人一旦身体里有了肿瘤，肿瘤细胞代谢后就会首先进入血液，通过检测血液里面是否存在肿瘤细胞的基因，就能判断一个人的身体是否有肿瘤。这种方法利用了大数据和机器智能，至少在方法上是一个进步。Grail 公司今天已经是这个领域最为成功的公司，包括盖茨、贝佐斯、谷歌、高盛等很多个人和公司都给它投了资，大家看重的不仅是它的技术，更重要的是休伯等人面对困难和问题的态度。永远要问自己，是否有更好的方法。

第 37 封信
永远寻找更好的方法

人一辈子，不可能凡事都顺利，总会遇到很多不尽如人意的事情，甚至遇到一些悲剧。但是，人不要抱怨，要主动想想是否有更好的方法，然后行动起来。休伯说，遇事不要逃避，问问自己是否有比逃避更好的方法，能否做点什么，解决问题，哪怕是解决一部分问题。

所以，对于你的学习，我希望你能想一想，是否有更好的办法。比如坚持做到放学前把课堂上没有搞懂的内容找老师问清楚，或者约他们的时间答疑。每天回家后第一件事，就是把这一天老师教的内容及时总结下来。周日的时候，把下周要讲的内容大致看一看，这样上课就不会太被动。每个人都有适合自己的学习方法，我的方法未必适合你。但是，如果你有心去寻找更好的解决问题的方法，最终一定能找到对你有效的方法。

更重要的是，如果你有这样一个对待困难和问题的积极态度，将会受用终身。

祝学业进步！

你的父亲
2017 年 5 月

经过一年的努力，梦馨的西班牙语成绩稳步提高了，可以提前一年学完西班牙语的 AP 课。

第 38 封信
服从是学会领导的第一步

> 这是我的太太希望我对梦华谈的内容,她认为梦华在领导力方面有进一步提升的空间。考虑到泛泛地谈提高领导力会引起梦华的反感,我考虑了很长时间,觉得可以用西点军校的例子入手。

梦华:

我和妹妹结束了两周的美国东部之旅,回到了家中。在这次旅途中,我们走访了约翰·霍普金斯、普林斯顿、哥伦比亚、耶鲁、哈佛和 MIT 几所大学。在约翰·霍普金斯,泰勒教授亲自接待了我们,梦馨还操作了达·芬奇手术机器人,工学院院长施乐辛格博士送给她很多文具,让她好好学习,我想这是对她非常好的鼓励。在哥伦比亚，我们拜访了我的校友杨教授，他带我们参观了校园。在 MIT 的时候，我和你们的院长商量公事，而一位学生主动带梦馨参观了校园。不过，在所有的校园参观中，梦馨和我印象最深的是最后一天参观西点军校。

西点军校是中国人对它的称呼，你们通常叫它美国陆军军官学院。这所学校有很多做法给我以启发，我今天就和你讲讲有关领导力的问题。

西点军校的录取率仅为 8% 左右，虽然比 MIT 略高，但是比很多著名的私立大学要低。其中超过 70% 的学生在高中全年级的学习成绩排在前 5%，因此和很多人印象中的军人四肢发达、头脑简单完全不同。在每年进入西点军校学习的 1200 名左右的学生中，90% 是高中学校运动队队员，2/3 是运动队队长，这从某种程度上反映出这些学生具有一定的领导力。当然，更能反映他们领导力的是大约有 1/4 的学生在原来的高中是学生会主席或者全年级的班长（美国高中一个年级是一个大班）。

从西点军校学生的素质，你可以看出美国军官的素质，他们都具有精英潜质。不过就是这样一批未来的精英，进入西点之后可没有人把他们当成天之骄子。在军校里的前三年，学生被要求学会服从，就像电影里演的那样，天天喊"Yes Sir[①]，Yes Sir"。学

---

① Yes Sir，即"是的，长官"。

第 38 封信
服从是学会领导的第一步

校对此给的解释是,作为一个军人,要指挥好别人就先要学会服从。到了第四年,学生们开始学习战术指挥,这是尉级军官的基本技能。尉级军官相当于一家公司里的一线经理,或者你们学校里兴趣俱乐部的负责人。如果要想当上将军,是要不断学习,不断锻炼领导能力的。具体讲,如果想晋升到校级军官,大约对应到营长或者团长,除了定期培训,还要到各个兵种的战争学院(war college,有时翻译成"军事学院")中学习战略。再往上晋升为将军之前,要到华盛顿的国家战争学院学习军事动员。这是在一个宏观层面理解战争,而不仅仅是作战本身了。这些内容并不是西点教学的重点。

  西点军校对形成领导力的理解,对我颇有启发。我回想过去自己在各种单位经历的事情,一个人形成领导力还真常常是从服从开始的。为什么学会服从很重要呢?因为一个我行我素,不愿意服从的人,虽然可能会成为杰出人才,但是通常难以和同事相处。今天以一个人的力量是无法完成一件大事的。学会服从的另一个重要性在于,当你被赋予一些权利管理他人时,要考虑你的意图传达下去是否会被顺畅执行。当你没有接受过和执行过别人给你的命令时,很难理解被领导者的心理。在亚洲人创办的公司里,很多创始人都把公司交给自己的子女。事实证明,大部分子女难堪大任,主要原因是,那些子女的权力是被直接赋予的,而

态度

不是因为执行和完成任务出色,被周围同事认可的。

今天和你谈领导力,主要因为你在读中学时,我们没有刻意培养你在这方面的能力。当然,你到了大学,由于环境比较好,得到了大家的信任,主动为大家做了不少有益的事情,得到了同学的认可,具备了锻炼领导力的条件。因此,我希望你能在大学里把这一块补上,将来毕业后才能做更多的事情。

服从是训练领导力的第一步,但也仅仅是第一步,因为仅服从,只懂得对上负责,是无法成为领导的。第二步就是合作。合作的重要性就不多说了,这一点你是懂的,而且你过去也是一个合作精神还不错的人,这方面我不担心。唯一需要提醒你的是,对于合作者一定要在公共场合认可他们的贡献,这一点非常重要。这样合作者就会想,即使我不当领导,他也会为我争取所有荣誉和利益,因此接受他的领导对我来讲是有好处的。

培养领导力的第三步是给领导当好助手。世界上能力再强的人也不可能事必躬亲,领导也是如此,他们需要好的助手。很多人只看到作为领导拥有的权力,常常忽视了他们要尽的很多义务。在一个组织内,一把手要负责这个组织的吃、喝、拉、撒、睡和未来的发展。这可不是仅仅能够出色完成一项任务的人就能胜任的。当助手的过程是一个学习的过程,在这个过程中,学习统筹全局的能力,以便将来自己能够独当一面。好的助手一方面可以

第 38 封信
服从是学会领导的第一步

完成领导下达的关键任务,并且在关键时刻发挥特有的作用,另一方面他会帮助领导进一步获得成功。很多时候,当上级获得晋升后,你也会跟着受益。

几乎每一位好领导都是优秀的沟通者,他们会控制自己的情绪,不会因为自己的原因而发泄不满,也不会因为自己主观的好恶而违背客观的做事原则。

我刚刚到家,有很多事情要做,今天就写到这里,祝你暑假愉快。

你的父亲
2016 年 8 月

第 39 封信
捡最重要的事先做

> 梦华在 2016 年春节学期期末考试前写邮件询问对于暑假实习要做什么准备,并且准备在学期结束和实习开始这段时间,去纽约看望同学。

梦华:

你考完试了,应该好好休息两天。如果你去纽约,可以到纽约现代艺术博物馆看看我上次提到的那几幅画。你问我是否应带一些参考书到亚马逊,我觉得不必,因为如果真需要什么书,你可以和公司讲,公司会出钱给你买。在旅行的时候,轻装出行很重要。

态度

上次因为你要考试，一些关于第一份工作的话我没有说，今天把它们说完。

你要充分利用这次实习机会。

像你这样的大学生参加实习，目的是面向未来，而不仅仅是眼前的项目，因此，在做好自己的工作之余，应该尽可能开阔视野。中国著名的物理学家钱三强先生曾经说，他在法国居里实验室工作时，别人不愿意做的工作（所谓的脏活）他都做，时间一长，他对实验室里的各项工作都有了了解。虽然大部分工作看似和他的研究没什么关系，但是后来当他回到中国，需要一个人建立一个完整的原子能实验室时，这些工作经验都派上了用场。你在亚马逊的实习也应如此，那里有很多项目，每一个项目都有很多工作，在你完成自己负责的任务的同时，如果你能多学习一些东西，多尝试一些工作，对你将来会有非常大的帮助。

当然，如果你的任务紧、工作忙，没有很多时间尝试新的东西，至少应该听听技术讲座。在大多数以研发为主的公司或研究所，每星期都有很多技术讲座。如果你有时间，不妨听一听。即便不是所有的内容都能听明白，至少你会知道当前工业界在关注什么事，遇到了什么问题，如何看待市场和商业。这些是大学不太关心的。

在工业界实习的另一个主要目的自然是获得工业界的工作经验。工业界做事和学术界有非常大的差别。在学术界，一种方法

第39封信
捡最重要的事先做

如果比现有的方法好1%，那么可以发表一篇非常优秀的论文。但是在工业界，这种差异的意义可能不大。工业界的一个原则是，够用就行了。比如图像识别，97%的准确率和95%的准确率对于一个产品来讲其实没有本质差别，这一点点差别，甚至可以通过其他功能来弥补。在工业界做事，有两个重要原则。一是投入产出率。比如你要设计一个算法，有时可能并非最快的就是最好的，你需要考虑耗费的资源，比如内存、能耗等，然后达到投入（耗费的资源）和产出（算法的效率）之间的平衡。二是尽可能利用现有条件解决问题。在学术界遇到一个新的问题，科学家可能会花上很长时间，比如几年甚至十几年，进行科研，将它解决。在工业界，通常没有时间研究新方法，而应尽可能使用现有方法，部分地解决问题，甚至设法绕过问题。如果你注意一下苹果的产品，它采用的技术都是已有的，而并非它的工程师花了很多时间研发的。工业界所有的产品，从内部看都有不完美之处，但是这些产品运行得很好，这就够了，这是工业界的特点。至于怎样真正获得工业界的经验，导师和同事会教你，相信你也会学得很快。

在工业界工作和在学校完成自己的课程在时间安排上有一个很大的不同，具体来讲，就是要分清自己工作的优先级。在大学里，学习的课程是有限的，目标是明确的，作业也是有限的，它们的量正好让你能够在截止日期之前完成。在工业界，你会发现

态度

似乎有你干不完的活儿，特别是在一家快速发展的互联网公司。现有的任务目标常常会变化，而且不断会有新的工作堆到你的面前，这时候，分清工作的优先级就显得特别重要了。

在学校做作业和考试时，最有效的方法是马上从最简单的题做起。在公司里却不是这样，事实上，你几乎没有时间做完所有需要完成的工作，因此只能捡最重要的先做。不要因为任务简单就开始干，遇到事情先要强迫自己慢三拍，想清楚任务的优先级，先去做那些特别重要的工作。这样才不会被大量简单重复的劳动占去全部时间，致使重要的工作没有时间做。公司里有一个词叫伪工作（pseudo work），就是指那些花了时间做却没有影响力的工作。

在实习时，工作并不是你的全部。事实上，大公司招实习生，并不指望他们成为工作主力，只希望他们和公司建立联系，因此不要把自己陷在工作和周围很小的圈子里。到谷歌之前，导师库旦普博士对我说，在接下来的一年里，我要尽可能和公司每个人吃一顿午饭（当时谷歌还很小，做到这一点很容易）。虽然我最后没有做到和每个人吃一顿午饭，但是大致做到了和上百人吃过午饭。因此，我也建议你这样做，它的好处至少有三个。一是可以建立广泛的人脉关系，因为在你未来的职业发展道路上，那些同事可能会帮助你。我在AT&T实习之后，我的导师罗伯托·皮尔切尼博士、平时经常一起聊天的戈登博士对我后来的职业发展提供了非常大的帮

第 39 封信
捡最重要的事先做

助。二是通过和他们交流，了解整家公司乃至整个行业的情况，开阔你的视野。三是可以提升你的软实力。如果你非常忙，没有太多时间和大家一一交流，那么各种团队活动，你都应该积极参加。另外，虽然你是在硅谷地区长大的，但是很多和你一样实习的学生却不是。在工作之余，比如周末，不妨带大家到周围转转，算是你尽到了地主之谊，也方便你结识更多的朋友。

其实，你的身体才是最重要的。不停加班熬夜有时并不能推动工作进度，只会损害你的健康。工作上的很多事情对于公司的影响其实没你想象的那么大，你的身体才是自己最宝贵的东西。

在你完成实习准备离开之前，要当面向所有有关的同事（包括人力资源人员）道别，表达你的谢意，告诉他们你度过了一个愉快的夏天，并表示希望以后有机会继续合作。在你回到学校之后，应该通过 E-mail 告诉导师你已经安全回到学校，并且感谢他对你的辅导和照顾。

相信你会处理好和实习有关的所有事，通过几个月的时间在专业水平、工作经验、人际关系以及软实力方面都有长足的进步和巨大的收获。

你的父亲
2016 年 5 月

第 40 封信
主动心态能提升全局观和协作力

> 梦华在第二学期联系暑假实习，申请了三家公司，亚马逊给了她邀约。她给我写邮件，询问应该如何答复对方，以及实习工作的注意事项。

梦华：

很高兴你完成了期末考试。一个月前，我得知你在亚马逊位于硅谷的实验室找到了暑假实习的机会，我非常高兴，今天再次祝贺你。

作为大学一年级的学生，能够在这样知名的企业找到这样一份工作，是非常不容易的。这将是你未来职业生涯的一个起点，

态度

因此我将自己过去的一些经验、体会和教训分享给你。

如果你觉得对方开出的条件还可以，就接受这份邀约，不需要瞻前顾后。在接受邀约时，为了表示你的诚意和严谨，你需要给对方打电话，表达你的谢意并肯定地告诉他们你准备接受邀约，同时告诉他们你将通过邮件的方式正式接受邀约。在美国，打电话通知别人一件事，比用 E-mail 写上冰冷的几句客套话有人情味，这可以拉近双方的距离。除了通知人力资源相关人士和未来的老板你的决定之外，最好再给面试官写一封邮件，表示已经收到邀约并且打算接受，这种在商业上交往的客套行为在工作中是必不可少的。

在接受邀约之后，你需要向人力资源的人员询问自己的福利。很多时候，科技公司给实习生提供了很多福利，这些福利却因为实习生不清楚而白白浪费了。比如你可以了解一下是否有假期。我过去在 AT&T 实习时和正式员工一样，每周有两个小时左右的假期。此外，大部分公司会报销从大学到公司的机票和其他交通费，也会有一点儿住房补贴，这些都需要询问。至于其他一些细节，你可以和人力资源部联系了解。在任何时候，询问都不是一件丢脸的事。

我接下来想和你谈的是，从大学生到实习生，在工作中需要注意的地方，以及在思维上需要提高的地方，供你参考。

第40封信
主动心态能提升全局观和协作力

你比很多人幸运的是，在高中时就有机会参加过两个暑假实习，因此你具备了作为实习生的一些基本素养（比如做一个很好的倾听者）。但是，无论是你十年级时在NIH（美国国立卫生研究院）参加的实习，还是十一年级在斯坦福参加的实习，都是在学术界实习，这些实习工作和学校的工作比较相似。那些研究单位的工作更多的是培养、训练人，如果实习生能够做出一些成绩（如同你在斯坦福那样）固然好，如果没有成绩也没什么关系。而在工业界，大家对你的期望会略有不同，你可能需要稍稍调整自己的工作方法和态度。

我的第一个体会是在工业界要主动工作，这个主动不完全是提前完成任务之后找导师要新任务，它有更深刻的内涵。在学校里，大部分工作都是课程规定的或者老师布置的，只要在最后期限前完成就可以。在公司实习时，你的导师会给你布置一些任务，他也许会给你规定一个期限，但是通常不会给你这样的压力。不过，虽然没有给你规定期限，导师也希望你主动把事情做好。所谓主动，就是指你有自己的想法和规划，并且随时和他进行沟通，得到他甚至其他同事的反馈。尽管公司都会要求实习生的导师像老师一样布置任务，甚至在生活上给你们关心，但是事实上，公司里的工程师或者研究员通常不会像大学教授那样给你布置作业，并且给你细节指导，因为他们通常会忙于自己的工作。因此，你

态度

工作的主动性就显得很重要。另外，在大学里，教授对于一个问题常常已经有了答案，让你们做课程项目仅仅是让你们练习如何找到答案。在公司里，绝大部分问题都是开放式的，导师事先并不知道什么是好的解决办法，需要你通过工作告诉他，因此你主动提出自己的想法，而不是简单操作非常重要。

  为了能够更主动地工作，你可以转变一下心态，假定自己不是一个实习生，而是团队的负责人（或者一员）。虽然导师一开始会安排你做一些小任务，比如修补几个漏洞，或者实现一些小功能，但是你的眼睛不能局限在这几个很小的点上，要开阔。你应该想，假如我是这个项目的负责人，会希望特定的功能（你的任务）做成什么样子。为了做到这一点，你首先可以了解你所做的工作和整个项目有什么关系，它们会起到什么作用。要了解这一点，你需要对整个项目有一定了解。这样，接下来你就会根据整个项目来优化自己的工作，而不是简单地完成导师让你完成的任务。如果能够做到这一点，你的全局观、团队协作水平就会有很大的提高。同时，你也就了解了工业界的工作方式和学术界有很大的不同。

你的父亲
2016 年 2 月

教育首先是关怀备至地、深思熟虑地、小心翼翼地去触及年轻的心灵。

——苏霍姆林斯基